酿酒葡萄氮肥施用技术

NITROGEN APPLICATION TECHNOLOGY OF WINE GRAPE

程相涵 著

U0246520

中国农业出版社
农村读物出版社
北 京

图书在版编目（CIP）数据

酿酒葡萄氮肥施用技术 / 程相涵著 . —北京：中
国农业出版社，2023.6
ISBN 978 - 7 - 109 - 30761 - 2

Ⅰ.①酿… Ⅱ.①程… Ⅲ.①葡萄栽培－氮肥－施肥
Ⅳ.①S663.106

中国国家版本馆 CIP 数据核字（2023）第 096403 号

酿酒葡萄氮肥施用技术
NIANGJIU PUTAO DANFEI SHIYONG JISHU

中国农业出版社出版
地址：北京市朝阳区麦子店街 18 号楼
邮编：100125
责任编辑：廖 宁 冯英华
版式设计：王 晨 责任校对：吴丽婷
印刷：中农印务有限公司
版次：2023 年 6 月第 1 版
印次：2023 年 6 月北京第 1 次印刷
发行：新华书店北京发行所
开本：880mm×1230mm 1/32
印张：4.5 插页：4
字数：130 千字
定价：48.00 元

前　言

　　习近平总书记于 2016 年和 2020 年两次到宁夏视察，指出："贺兰山东麓酿酒葡萄品质优良，宁夏葡萄酒很有市场潜力，综合开发酿酒葡萄产业，路子是对的，要坚持走下去。"风土是优质酿酒葡萄生长的根本，其中土壤中氮素是酿酒葡萄风土的重要贡献者，其不仅是调控葡萄树生长发育和果实风味物质的重要元素，还是葡萄酒酿制发酵时的主要营养成分。贺兰山东麓是适宜酿酒葡萄生长的优质产区，但土壤多为沙壤土和砾质沙土质地，漏水漏肥严重、氮素含量极低。目前，当地氮肥施用方式单一，仅在萌芽前根施氮肥，不能满足葡萄在不同生育阶段对氮素的需求，所以，亟须精准施氮来改善贺兰山东麓产区酿酒葡萄的品质。

　　目前，生产上面临着葡萄树营养生长与生殖生长营养分配不均、葡萄果实和葡萄醪氮素缺乏等导致的一系列影响葡萄与葡萄酒品质的难题。2008 年，法国学者 Lacroux 最先尝试采用转色期叶面供氮（foliar nitrogen application during veraison，FNAV）方式探索氮素在协调酿酒葡萄营养生长和生殖生长关系、提高果实中含氮物质含量方面的作用。经多年探索发现，在亏氮葡萄园，无论对酿酒葡萄果实还是对葡萄醪 FNAV 都是一种很有效的补氮方式，具有调控葡萄果实品质，进而改善葡萄酒风味的潜力，但目前研究未被人熟知。为解决中国西北部酿酒葡萄产区的缺氮问题，很有必要综合考量 FNAV 对葡萄与葡萄酒风味物质的影响。

著者选择在宁夏贺兰山东麓产区，从氮肥施用量、施用类型两方面对宁夏主栽品种赤霞珠进行精准氮肥施用探索，重点研究 FNAV 对葡萄和葡萄酒中风味物质的影响。研究发现，在低氮葡萄园，FNAV 可显著提高果实氮素积累量（尤其是果皮中氮素积累量）、氨基酸和酵母可同化氮含量，并增强果皮中苯丙氨酸代谢，进而促进果皮和葡萄酒酚类各组分、花色苷和黄酮醇单体以及挥发性物质的积累，有利于改善葡萄酒色泽及感官品质。总体来看，高氮葡萄园苯丙氨酸处理（138 mg/株）的葡萄及其酿制的葡萄酒在品质和感官方面均呈现较优结果。同时，尿素价格便宜、购买方便，更适于在低氮葡萄园推广应用，以提高葡萄及葡萄酒品质。

本书针对中国西北部酿酒葡萄产区的缺氮问题，通过开展试验探索出了一种适合该产区的绿色补氮措施，即转色期叶面供氮。FNAV 不仅用氮量少、补氮效率高，而且可以提高果实氮储量，有利于葡萄和葡萄酒品质提高，可达到减氮提质的目的，进而丰富了葡萄生育期养分供需与品质形成的理论体系。本书研究课题由西北农林科技大学葡萄酒学院房玉林教授团队完成，得到了国家重点研发计划"宁夏主要酿酒葡萄品种典型品质形成的生理和生态基础"（2019YFD1002500）、国家科技改革发展专项"贺兰山东麓酿酒葡萄品质调控及集约化栽培技术研究与标准体系建立"（106001000000150012）和河南科技大学博士启动基金（13480101）等的支持，其间受到房玉林教授、高亚军教授和孙翔宇教授等多位教师的悉心指导。希望该研究可以为宁夏主栽酿酒葡萄品种施肥管理措施制定提供理论依据，进一步优化宁夏酿酒葡萄栽培技术体系，同时为其他缺氮产区施氮管理提供有效参考。

著　者

2023 年 3 月

目 录

第一章

绪　　论

第一节　研究背景

一、酿酒葡萄氮肥施用现状

氮素是植物中蛋白质、核酸、激素和叶绿素等物质的组成成分，是初级和次级代谢物合成的必需元素（Bell et al.，2005）。对酿酒葡萄而言，氮素对其生长发育和品质形成有极其重要的影响，而适宜酿酒葡萄生长的土壤多为沙质或砾质土，结构性差，漏水漏肥严重，养分供应能力差，土壤中营养元素常处于亏缺状态。在实际施肥过程中，农民通过大量施用肥料来供给养分，尤其对于他们最爱施用的氮肥，盲目根据经验和沿用鲜食葡萄施肥方法的现象比较普遍，如重根肥轻叶面肥，施肥与物候期需求脱节等。偏施氮肥会引起营养生长过剩（Smart，1991；Wolf et al.，1998），导致生殖发育时期果实贪青晚熟，成熟度不均匀，增加果实感病率，影响果实品质（Boonterm et al.，2013）。此外，偏施氮肥还会造成土壤污染。硝态氮不易被土壤胶体吸附，容易通过淋溶进入地下水，是引起水体富营养化、大气中的 N_2O 排放增加的主要因素，不仅使氮素利用率下降，而且对人类健康、生态环境也会造成极大危害。这种氮肥施用方式既未能满足优质酿酒葡萄原料生产，又浪费了大量氮肥，对生态环境危害极大。

目前，许多酿酒葡萄栽培者已经认识到氮素施用过多不利于酿酒葡萄生长及葡萄酒品质形成，但受制于土壤特征及施肥与物候期需求脱节等问题，氮肥施用方式不合理的现象仍存在。因此，针对目前氮肥施用存在的问题及葡萄植株在不同时期对氮素需求的不同，在酿酒葡萄生产上进行按需施氮显得尤为重要。

二、宁夏贺兰山东麓酿酒葡萄产区气候与土壤特征

宁夏回族自治区位于中国西北部，呈"十"字形，处于黄河中游上段地区，幅员 6.64 万 km^2。宁夏贺兰山东麓葡萄酒产区位于北纬 $37°43'00''$～$39°05'3''$，东经 $105°45'39''$～$106°27'35''$，西靠贺兰山，东临黄河，干燥少雨，光照充足，昼夜温差大，平均海拔在 1 000 m 以上，葡萄全生育期的有效积温在 3 400～3 800 ℃，平均降水量在 150～240 mm，日照时数为 1 700～2 000 h，无霜期为 160～180 d，属于大陆性干旱半干旱气候。综上所述，贺兰山东麓具备生产优质酿酒葡萄的气候条件，有石嘴山、贺兰山、银川、永宁、青铜峡和红寺堡产区。

宁夏回族自治区酿酒葡萄园土壤类型多样，以灰钙土和风沙土的面积最大，土壤条件的优势与劣势并存。优势在于富含砾石和沙石，通气透水性好；而劣势在于质地多为沙壤土和砾质沙土，过大的容重、较低的有机质含量、土壤结构不稳定等

问题导致该地区的水肥亏损情况严重（除 K 和 Ca 元素较丰富之外，N、P、Cu、Fe、Zn、B 等养分元素都处于缺乏状态），供肥及保肥能力也相对较差（王锐，2016）。该地区土壤的全氮含量极低，基本处于酿酒葡萄园土壤肥力评价最低水平（六级）；矿化供氮能力也非常低，氮素的平均矿化量仅占全氮含量的 3.1%，造成酿酒葡萄对某些营养元素存在吸收障碍（孙权等，2008）。此外，为了调控营养生长与生殖发育的平衡，宁夏地区主要在萌芽前集中根施有机肥进行养分的补充，而忽视了在转色阶段供给适量的氮素以满足葡萄果实对氮素的需求。目前宁夏土壤氮素施用情况使葡萄果实的氮储量和产量大幅度降低，限制风味物质的积累，且不能满足酒精发酵阶段酵母对氮源的需求，进而使酒精发酵难以充分进行，最终不利于优质葡萄酒的生产。所以，基于宁夏土壤缺氮、根施氮素利用率低且施用时期不合理的现状，非常有必要在当地开展相关研究以解决氮肥施用难题。

第二节　研究目的与意义

本书以精准肥料调控优质特色酿酒葡萄原料生产为目的，结合宁夏土壤特征、施肥特点及酿酒葡萄需氮规律，从氮肥施用量、施用类型两方面对宁夏主栽品种赤霞珠进行精准氮肥施用探索，重点研究转色期叶面供氮对葡萄和葡萄酒中风味物质的影响，不仅可丰富生育期养分供需与葡萄品质的理论体系，达到减肥提质、养分按需分配的目的，而且可为宁夏主栽酿酒葡萄品种施肥管理措施的制定提供理论依据。

第三节 国内外研究进展

一、氮素在葡萄生长发育和葡萄酒酿造中的作用

氮素对酿酒葡萄来说具有特殊意义（Van et al.，2004；Van et al.，2006）。不仅是影响葡萄植株生长发育的重要元素，而且是酵母进行葡萄酒发酵的主要营养成分之一（Mendes-Ferreira et al.，2010；Taillandier et al.，2007），同时也能调控葡萄果实的风味物质，进而有利于优质葡萄酒的生产，即氮素对葡萄生长发育及葡萄酒酿造都起到重要作用（Bell et al.，2005）。但是在目前生产中，氮素的施用并非完全合理，所以非常有必要探讨如何在葡萄园中按需施用氮素的问题。

（一）氮素与葡萄果实中含氮物质的关系

葡萄园氮素施用可以提高葡萄果实中含氮化合物的含量，如总游离 α - 氨基酸、精氨酸、脯氨酸、铵和总氮的浓度；且含氮量会随葡萄园氮素施用量的增加而增加，但增加速率却呈下降状态（Bell et al.，1979；Bell，1994）。这可能是由于氮素施用量增加，硝酸盐向其他含氮化合物的转化会受到限制（Bell et al.，1979；Bell，1994）。此外，研究得出施用氮素可增加果实所有部位中氮素的浓度，尤以果皮和果肉部位敏感（Bell et al.，2005；Stines et al.，2000）。而大部分氮素却位于果皮和种子中，因此在葡萄醪发酵之前，长时间浸渍能满足酵母对较高氮浓度的需求（Riberéau-Gayon et al.，2000a；2000b）。需要注意的是，果实中高的总氮浓度并不总能确保果

汁中含有足量的酵母可同化氮（Bell et al.，2005）。

（二）氮素与葡萄醪中酵母可同化氮的关系

葡萄醪中的营养物质为酵母生长及酒精发酵奠定了良好基础。除碳源外，酵母可同化氮被认为是酵母最重要的营养物质（Henschke et al.，1993），主要包含铵态氮、游离 α-氨基酸（脯氨酸除外）、小分子的多肽类。葡萄醪中的含氮物质不仅可使发酵进程中酵母生物量增加，而且还可提高酒精发酵速率及对糖的利用效率。

（三）氮素对葡萄植株及酿酒葡萄的影响

葡萄植株中氮素含量会影响葡萄营养生长和生殖发育的平衡（Ashoori et al.，2015；Bell et al.，2005；Smart，1991；Wolf et al.，1998），如果葡萄园过量施用氮肥，则会导致葡萄植株营养生长过度，反而引起葡萄果实品质下降。例如可溶性固形物、某些酚类和大多数挥发性物质等含量的降低，主要是高氮引起冠层微气候的变化导致的（Bell et al.，2005）。

如果源的大小（即合成碳水化合物的叶面积）不能随着库的储量（即碳水化合物的储存组织）增大而增大，则会增加库之间对碳水化合物的竞争，导致葡萄风味成分减少（Ruhl et al.，1992；Spayd et al.，1978；Treeby et al.，2000）。在限定的葡萄藤架型系统范围内，冠层密度随葡萄植株活力的增加而增加（Eynard et al.，2000；Kliewer，1980；Smart，1985）。冠层叶片之间的相互遮挡会使越来越多的叶片不能充分进行光合作用，限制光合产物的生产（Bell et al.，2005）。最终，由于源的限制会减少葡萄永久组织中储存的碳水化合物（Zufferey，2015）。

冠层内的许多环境因子都会受到冠层小气候变化的影响 (Dry, 2000; Hall et al., 2011; Palliotti et al., 2014), 特别是光照和温度非常影响果实品质的形成 (Kriedemann, 1968; Kliewer, 1977)。冠层密度的增加会导致弱光的截流和光束区温度的降低, 这可能对葡萄的生长和代谢有害 (Zyl et al., 1980)。许多研究证明, 光照弱会导致可溶性固形物、萜烯、花色苷浓度降低, 有机酸 (如酒石酸、苹果酸和滴定酸度) 浓度增加 (Kliewer, 1977; Martínez-Lüscher et al., 2017)。此外, 含氮量高的葡萄植株其葡萄成熟时间延长, 采收期推迟 (Zarrouk et al., 2016), 灰霉病等真菌病害频繁发生 (Bell et al., 2005), 劳动力和资源成本增加。因此, 为了生产优质葡萄和葡萄酒, 建议土壤氮素供应不宜过量 (Herralde et al., 2010)。

(四) 氮素对葡萄醪及葡萄酒的影响

葡萄园氮肥的施用会直接或间接影响葡萄和葡萄醪中的各种成分, 尤其是含氮物质, 进而影响葡萄酒的感官品质 (Belda et al., 2017)。这些影响大多是通过酵母在发酵过程中的代谢介导的。其中酵母可同化氮, 可为酒精发酵过程中酵母生长和代谢提供氨基酸、嘌呤和嘧啶 (Arias-Gil et al., 2007), 并且影响发酵活力和风味物质的合成 (Lambrechts et al., 2000; Vilanova et al., 2007)。

目前在葡萄园中常见的低氮施用会减少葡萄和葡萄醪中氮素含量, 进而影响酵母生长和酒精发酵, 最终不利于优质葡萄酒产生 (Bell et al., 2005)。在实际生产中, 针对葡萄醪中含氮量不足的问题, 常用做法是向其中添加磷酸二铵 (diammonium phosphate，DAP）以提高氮水平并保持适度的发酵活力（Arias-Gil et al.，2007）。但是这种添加单一类型氮源的补氮方式，既不能满足不同酵母对氮源的需求，也不一定总能产生理想的香气（Bell et al.，2005；Manginot et al.，1998）。此外，氮素添加量不易控制，添加量过多或过少均不利于酵母代谢产物的生成。葡萄醪中氮素含量不足（酵母可同化氮含量<140 mg/L）不仅会导致酒精发酵缓慢甚至停止（Bisson，1999；Bisson et al.，2000；Bell et al.，2005），也会生成大量的醇类、支链氨基酸、支链脂肪酸乙酯、硫化氢和挥发性硫醇等感官品质较低的物质（Boss et al.，2017；Moreira et al.，2002）。葡萄醪中氮素含量过高（酵母可同化氮含量>500 mg/L）则会导致葡萄酒中氨基甲酸乙酯和生物胺的生成（Bach et al.，2011；Ough et al.，1989）。只有葡萄醪中具有适当的酵母可同化氮含量才能增加中链脂肪酸、中链甘油三酯和乙酸酯的含量，所以适量且种类多样的酵母可同化氮对于酵母发酵过程尤为重要。葡萄植株在生长阶段吸收的氮素可在葡萄果实中形成各种含氮物质，且果实中氮素的积累可决定葡萄醪中酵母可同化氮的含量和组成，因此，非常有必要根据葡萄在不同生长阶段的需氮特点，适当地进行氮素的施用，这不仅有利于葡萄自身生长且有利于葡萄及葡萄酒风味物质的合成。

二、葡萄植株营养诊断

葡萄植株营养诊断常用的两种方法：土壤肥力分析（Sicher et al.，1995）及转色期叶片和叶柄营养诊断（Menn et al.，2019）。在实际的营养诊断中，一般将这两种方法结合使用以更准确地判断葡萄植株的营养状况，进而便于制订适宜的施肥方案（Alloway，2008）。

（一）土壤肥力分析

采集需要检测的土壤进行相关指标的分析，随后比照临界值进行分析判断。由于土壤肥力分析仅体现养分元素供应情况，不能直观呈现元素被吸收和利用的状态，所以该营养分析方法通常是植株营养诊断的辅助措施。但需要明确的是，植物的大部分养分元素来源于土壤，土壤的物理化学性质能很大程度上影响葡萄植株对养分的吸收能力及其生长发育（Marathe et al.，2016）。根据酿酒葡萄园土壤氮素含量分级（表1-1），对比土壤氮素丰缺情况判定土壤氮素的供应状况。土壤氮素水平由高到低分为1~6级。以3级氮素水平作为土壤氮素丰缺临界值，3级及其以上的1级、2级土壤为适宜或丰富；4级、5级土壤为偏低或不足；6级土壤为不适宜种植，应补充氮素。对比宁夏贺兰山东麓产区土壤氮素发现，基本所有土壤供氮情况均属于5级、6级水平。

表1-1 酿酒葡萄园土壤氮素含量分级

（王锐，2016）

级别	1	2	3	4	5	6
全氮（g/kg）	>2	1.5~2	1~1.5	0.75~1	0.5~0.75	<0.5
碱解氮（mg/kg）	>150	120~150	90~120	60~90	30~60	<30

（二）转色期叶片和叶柄营养诊断

转色期葡萄叶片和叶柄中氮素含量能直接、准确地反映树体的营养水平、养分元素的丰缺情况，也能帮助在缺氮症状表现出来前尽早缓解及诊治（Cancela et al.，2018）。表 1-2 列出酿酒葡萄植株的氮素水平。

表 1-2 根据叶片和叶柄中氮素状态判定酿酒葡萄植株的
氮素水平（Menn et al.，2019）

葡萄植株氮素状态	叶片氮素（g/kg）	叶柄氮素（g/kg）
低	<4	<18
低到中等	4～6	18～24
中等到高	4～6	18～24
高	>6	>24

三、葡萄植株低氮矫正

（一）叶面氮肥的吸收途径

除了通过根系吸收养分，植物也常用叶片或茎秆部位获取养分，该营养供给方式称为根外营养（Fageria et al.，2009）。用于叶部营养供给的肥料称为叶面肥。叶面肥进入叶肉细胞以后参与植物生理活动，植物对其利用效果与根部施肥相同（Albregts et al.，1986）。叶面施肥不仅用量少而且能直接供给代谢最旺盛部位或者最需肥部位，及时快速满足植物对养分元素的需求。此外，可避免与土壤接触，减少养分固定和浪费，提高利用率且减少污染。因此，在栽培管理中，叶面施肥常被作为补肥措施来及时缓解缺素情况进而改善果实品质。

葡萄叶片由3部分组成：表皮、叶肉和叶脉。表皮分为上表皮和下表皮，一般由表皮细胞和气孔器组成（Victoria et al.，2013）。叶表皮细胞的外壁上覆盖有蜡质层和角质层，最外层是由表皮细胞分泌的蜡质而形成的蜡质层，蜡质层下面是角质层，角质层下面是叶表皮细胞，角质层与叶表皮细胞之间被果胶层隔开。角质层可阻滞喷施的养分渗透吸收，是叶面吸收养分的不利因素。如果说蜡质层的存在不利于喷施液体肥料在作物叶表滞留和向叶片内部渗透，那么角质层则是养分进入叶片内部最重要的障碍（Leece，1976；Li et al.，2009）。

葡萄植株叶片与外界进行物质交换主要有 3 条途径（Leece，1976；Peuke et al.，1998），见图 1-1：①叶表面角质层的亲水小孔；②通过叶片细胞的质外连丝进行主动吸收，把养分吸收到叶片内部；③分布在叶面上的气孔，一般认为养分主要通过这 3 条途径由叶表进入叶肉细胞。在这 3 条途径中，①和③这 2 条途径都具有吸收速效养分的能力，其中叶面气孔是养分进入叶片内部的主要途径之一。

（二）转色期叶面供氮方式的提出

在 2008 年，法国学者 Lacroux 最先尝试采用转色期叶面供氮（FNAV，foliar nitrogen application during veraison）方式（Lacroux et al.，2008）探索氮素在协调酿酒葡萄营养生长和生殖发育关系、提高果实中含氮物质含量中的作用。与葡萄园和酿酒车间中常用的补氮方式相比，FNAV 可能是低氮葡萄园中一种极具潜力的氮肥施用方法。因为 FNAV 不仅增加了葡萄和

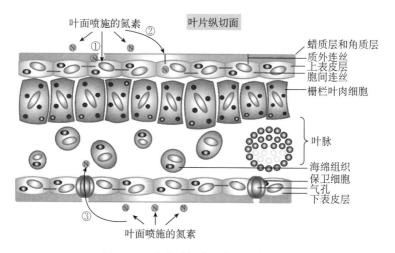

图 1-1 叶片对氮素吸收的 3 条途径

葡萄醪中的氮含量，提高了发酵活力，还改善了葡萄和葡萄酒的某些风味成分，尤其是酚类和挥发物，如图 1-2。随后几年一些研究者集中于对转色期叶面氮素类型、叶面与土壤施氮等措施的供氮效率的比较，进而探究对葡萄果实（葡萄醪或酒）中酵母可同化氮和某些风味物质的影响。研究得出，较土壤供氮，FNAV 能将氮素高效供给果实，提高果实含氮量（Ancín-Azpilicueta，2011；Jreij et al.，2009；Lasa et al.，2012）。2014年至今，主要由西班牙葡萄与葡萄酒协会对当地主栽品种（丹魄、慕合怀特）进行研究，研究方向集中于不同叶面氮肥类型、用量对含氮化合物及香气物质的影响（Garde-Cerdán et al.，2014，2015a，2015b，2017；Gutiérrez-Gamboa et al.，2017a，2017b）。瑞士的 Verdenal 等（2015）研究得出，在转色期开

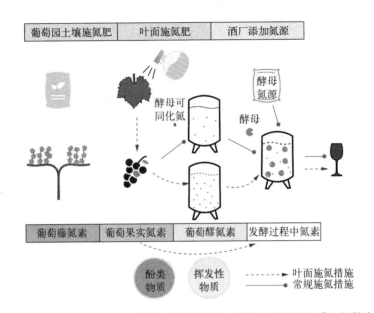

图 1-2 FNAV 对酵母可同化氮和风味物质（酚类和挥发性物质）的影响

始及转色后补氮效果优于转色前。葡萄品质极易因栽培措施、地区、年份、品种等不同而异，而目前研究大多针对转色期补氮措施，对不同地区、年份、品种的研究极少，对叶面喷施氮肥的具体时间、施肥量、肥料类型、施用频率的探索也较少且不深入。此外，前人的相关研究较少考虑转色前土壤中的含氮量、植株的需氮情况，造成已有结果的难统一性与不易比较性。幸运的是，尽管这些研究是在不同的风土条件中开展的，但 FNAV 不仅没有对葡萄品质产生负面影响，在有些研究中反而改善了葡萄与葡萄酒品质。表 1-3 列出了相关研究以及 FNAV 对酵母可同化氮和风味成分的影响。

表 1-3　FNAV 相关研究的总结

(Cheng et al., 2021)

类型	N 含量 (kg/hm²)	位置	品种	年份	密度 (株/hm²)	次数和时间	酵母可同化氮	酚类	挥发性物质
	14～18; 28～36	欧肯那根谷 (加拿大)	赤霞珠, 美乐, 灰比诺, 黑比诺, 维欧尼	2010	3 560	3 次; 转色开始前 2 周, 转色开始及 2 周后	↑ (Hannam et al., 2015)	—	—
	10; 50	法尔塞斯 (纳瓦拉)	长相思, 美乐	—	—	3 次; 转色开始前 3 周, 转色开始及 3 周后	↑ (Lasa et al., 2012)	—	—
尿素	10	斯特兰德 (南非)	长相思, 白诗南	2014 2015 2016	3 333	2 次; 完全转色前 3 周 (<50% 转色率) 和 1 周 (>80% 转色率)	↑ (Bruwer et al., 2018)	—	↑ (Bruwer et al., 2018)
	2; 4	里奥哈 (西班牙)	丹魄	2008	2 469	10 次; 从 7 月 31 日 (接近转色) 至 10 月 9 日间隔 7 d 1 次	—	—	↑ (Ancin-Azpilicueta et al., 2013)

（续）

类型	N含量（kg/hm²）	位置	品种	年份	密度（株/hm²）	次数和时间	酵母可同化氮	酚类	挥发性物质
苯丙氨酸、尿素	0.9；1.5	里奥哈（西班牙）	丹魄	2014 2015	2 976	2次：转色开始及1周后	—	↑ (Portu et al., 2015a, 2015b, 2017)	—
	0.45；0.4	胡米利亚（西班牙）	丹魄，慕合怀特	2014 2015	2 976 2 666	2次：转色开始及12 d后	NE (Garde-Cerdán et al., 2017)	—	—
尿素、尿素＋硫、精氨酸、商业肥料	2	莫莱谷（智利）	赤霞珠	2015	4 317	2次：转色开始及2周后	↑ (Gutiérrez-Gamboa et al., 2017a, 2017b, 2017c)	—	↑ (Gutiérrez-Gamboa et al., 2018c)

（续）

类型	N含量 (kg/hm²)	位置	品种	年份	密度 (株/hm²)	次数和时间	酵母可同化氮	酚类	挥发性物质
尿素、脯氨酸、苯丙氨酸、商业肥料	0.9；1.5	里奥哈（西班牙）	丹魄	2012	3 000	2次；转色开始及1周后	↑ (Garde-Cerdán et al., 2014) NE (Portu et al., 2014)	—	↑ (Garde-Cerdán et al., 2015a; Rubio-Bretón et al., 2018)
^{15}N-标记的尿素	20	皮利（瑞士）	莎斯拉	2012	8 333	4次；在4周花期或转色期间隔1周1次	↑ (Verdenal et al., 2015)	—	—

注：FNAV对酵母可同化氮、酚类、挥发性物质的影响分别在本章本节的七至九部分中有详细介绍。位置一列中，前一个地点代表研究站点，后一个地点代表其所属的国家；↑代表风味物质组分含量增加。

（三）选择 FNAV 的原因与优势

前人研究得出，在转色开始和转色过程中进行叶面补氮，效果最佳（Lasa et al.，2012；Verdenal et al.，2015），可能原因总结如下。①转色期叶面施肥可使补充的氮素养分进入生殖生长代谢最旺盛的部位（果实）（Keller，2015），直接满足葡萄对氮素的需求。随着植株生长中心的转移，氮素在植株体内的分配也会发生相应转移。在转色期，正好营养生长减慢或基本停止，生长重心转移至果实（Bondada et al.，2001；Ollat et al.，2002；Stiegler et al.，2011）。所以在此时期少量追施叶片氮肥可及时、高效满足果实生长阶段对氮肥的需求且促进果实中氮素积累，为发酵阶段氮源补充打好基础。②促进果实中次生代谢产物（尤其是转色期形成的花色苷、黄酮醇）的合成。可能原因有两个：一是由于果实中次生代谢产物的合成主要在转色期，所以在此时期补充的氮素可能通过引起次生代谢产物代谢过程中酶活性的变化来调控风味物质变化（Crawford，1995；Mackintosh，1998）；二是转色期葡萄的生长重心在果实，补充的氮素可能通过促使光合作用产生的部分碳水化合物储存于果实中，进而有利于果实中次生代谢物质的合成（Victoria et al.，2013）。③氮素的补充可能会优化发酵过程的启动。果实从转色开始到成熟的正常生长发育过程中，铵根离子含量呈一直下降趋势（Bell et al.，2005），而铵根离子不仅为酵母的优选氮源，还是酵母最先食用的氮源（Henschke et al.，1993；Jiranek et al.，1995），所以转色期氮素的补充可能会因果实（或果汁）中铵根离子含量的增加而优化发酵过程的启动。④从某种程度上，转色期喷施氮肥更有利于叶面吸收，因为在此时期，叶面已经老化导致蜡质层有裂痕，会促进叶片对氮素的吸收（Mengel，2002）。

FNAV 与土壤施肥相比优势在于转色期叶片喷施氮肥较土壤施氮能更有效地改善缺氮症状（Hannam et al.，2015）。在此时期，生长重心主要在果实的养分积累，又因其所需氮素较少，采用叶面喷施氮素较土壤施氮方式，不仅能迅速、高效地补充氮肥（Lasa et al.，2012），而且能避免与土壤接触，减少氮肥被土壤固定及氮肥对土壤、水体、空气的污染（Sabir et al.，2014）。此外，对于施行调亏灌溉的葡萄园，采用叶面供氮而不通过土壤施肥来进行养分补充，不会影响灌水制度的正常执行（Jreij et al.，2009）。

FNAV 与发酵阶段添加氮素相比优势在于发酵活力会受到氮源浓度和类型影响，所以适量且种类多样的氮源是保证正常发酵必不可少的成分（Spayd et al.，1994）。而叶面补充的氮素可在葡萄中形成各种类型含氮物质，进而可在葡萄醪中产生混合氮源（含有人工氮源不具备的氨基酸）。较发酵阶段添加单一氮源的方式，这种在葡萄园中的补氮方式既能满足不同酵母对氮源的需求（Gutiérrez-Gamboa et al.，2017a，2017b，2017c；Hernández-Orte et al.，2006），加快糖的消耗，促进乙醇产量增加（Manginot et al.，1998；Taillandier et al.，2007），又有助于增加氨基酸代谢的香气物质组分（Henschke et al.，1993）。此外，人工添加氮素的含量不易控制，酵母可同化氮含量过低易增加发酵过程中含硫挥发性物质、高级醇等含量（Bell et al.，2005；Gardner et al.，2002）；酵母可同化氮含量过高会产生致癌物质，也会对微生物产生危害，对葡萄酒品质产生不利影响（Ough，1991；Bell et al.，2005）。叶面吸收氮素与根系吸收氮素的机制类似，可能受到植物激素调控机制调节（Krouk et al.，2011），会根据植物对氮素的需求来获取氮素，较人工氮素添加方式缓和，且一般叶面补氮量较少，不会对葡萄醪产生不良影响。

（四）常用叶面氮肥类型

目前研究中常用的叶面氮肥有尿素、尿素＋硫、精氨酸、苯丙氨酸。尿素、苯丙氨酸、精氨酸的分子结构式见图1-3。

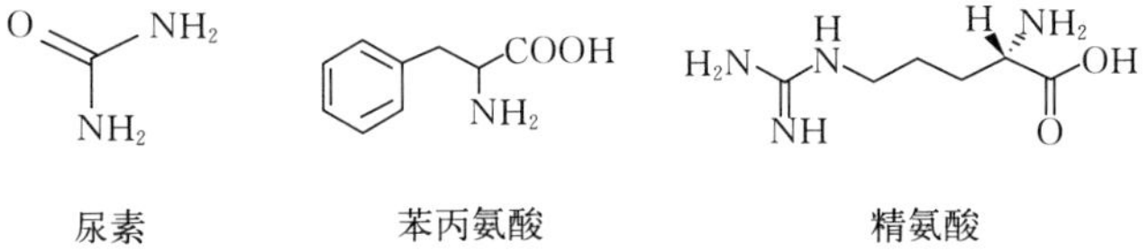

图1-3　3种常见叶面氮肥的分子结构式

尿素本身是常用的叶面氮肥，因其相对分子质量小、易溶于水、易吸收、价位便宜等优点而在生产上被广泛使用（Lasa et al.，2012）。选择少量硫化物加入尿素作为叶面氮肥的主要原因在于硫化物可以加强尿素的肥效（Gutiérrez-Gamboa et al.，2017a；Lacroux et al.，2008；Portu et al.，2017）。选用几种纯氨基酸氮肥的主要原因是其自身具有有利于酒精发酵的优良作用。除了脯氨酸外，其他游离α-氨基酸均为酵母可同化氮源，其中的精氨酸在葡萄醪中属于第二大丰富的氨基酸（其含量仅次于第一大丰富的脯氨酸），是酵母重要的氮源（Gutiérrez-Gamboa et al.，2017a，2017b）。并且精氨酸与脯氨酸的含量之比可以反映酵母可同化氮与酵母不可同化氮的含量之比。在某种程度上可以说，精氨酸含量高低可以代表可同化氮含量的高低（Bell et al.，2005）。

苯丙氨酸在氨基酸中含量很少，但却是苯丙氨酸解氨酶的底物，作为苯丙烷途径的开始，在苯丙氨酸解氨酶催化下向肉桂酸转变，是酚类物质生物合成的第一步（Kubota et al.，2001；Swain et al.，1970）。苯丙氨酸也是芳香族氨基酸，是某些挥发性物质的前体，例如 2 - 苯乙醇，具有玫瑰花香（Jackson，2008；Raymond，2009）。同时，苯丙氨酸也是对人体具有保健作用的白藜芦醇的前体（Fernández-Mar et al.，2012）。也有研究得出，葡萄醪中苯丙氨酸的代谢率与其在葡萄中初始浓度直接相关（Garde-Cerdán et al.，2014，2017；Portu et al.，2014）。因此，苯丙氨酸可作为酵母代谢氮源，有利于发酵充分进行，同时作为酚类和香气物质的前体，可能还会影响葡萄酒的芳香和酚类成分及健康特性，有潜力成为叶面氮肥的替代品（Garde-Cerdán et al.，2017；Gutiérrez-Gamboa et al.，2017a，2017b），也将成为未来全球葡萄酒关键风味化合物的前体（Santamaría et al.，2015）。

四、叶面补充的氮素在果实内的分布情况

叶面肥被叶片吸收后，经过植物激素信号物质调控一般直接进入植株生长最需肥或代谢最旺盛的部位。Hannam 等（2014）在 7 个研究点、采用 5 个葡萄品种进行了连续 3 年的

田间研究，得出通过转色期叶面补充的氮素基本没有被葡萄植株保留，并且不会对下一年植株生长或养分状况产生影响。Lasa 等（2012）利用 ^{15}N 标记示踪氮素的分布变化得出叶片施用氮肥量的 $17\%\sim80\%$ 进入果实中，但果实吸收叶面氮肥的量会因氮肥种类、用量及葡萄品种而异。Schreiber 等（2002）得出，葡萄叶面施氮量的 30% 最终会进入果实，而根部施氮仅有 2% 进入果实。虽然已有研究结果得出，叶面补充的氮素进入果实较多，但目前转色期叶面氮肥在葡萄植株内分布的研究还较少，不能提供足够依据供研究者准确判断叶面补氮的真正肥效。形成这一现状的原因可能是葡萄为多年生经济作物，常规测定其植株内氮素分布的方式有一定难度，采用同位素示踪技术来跟踪叶面补充的氮素进入树体内分布与变化又需要较高费用。

五、FNAV 对葡萄和葡萄醪中酵母可同化氮的影响

初级氨基酸的代谢会影响酒精发酵过程以及风味活性代谢物的合成，因此酵母可同化氮的组成和浓度不仅会影响发酵活力，还会影响葡萄酒的风味（Albers et al.，1996）。针对葡萄中酵母可同化氮含量不足的问题，FNAV 是一个有潜力的补氮方式。近年来，对转色期叶面施氮类型的选择已经开展了许多研究（Garde-Cerdán et al.，2014；Gutiérrez-Gamboa et al.，2017a，2017b；Hannam et al.，2015；Portu et al.，2014；Lasa et al.，2012；Verdenal et al.，2015）。通过这些研究可知，在不同的氮肥处理之间，葡萄中酵母可同化氮的组成和含

量存在差异（Bruwer，2018；Garde-Cerdán et al.，2014；Gutiérrez-Gamboa et al.，2017a，2017b；Hannam et al.，2015；Portu et al.，2014；Lasa et al.，2012；Verdenal et al.，2015）。在低氮葡萄园，FNAV 对不同研究地点、品种和年份的酵母可同化氮含量都有积极影响（Bruwer，2018；Gutiérrez-Gamboa et al.，2017a，2017b；Hannam et al.，2015；Lasa et al.，2012；Verdenal et al.，2015）。其中，Bruwer 等（2018）和 Hannam 等（2015）研究得出叶面尿素的施用增加了不同酿酒葡萄品种的酵母可同化氮含量。对于游离氨基酸的组成和含量而言，Lasa 等（2012）研究得出叶面尿素施用可显著促进葡萄中氨基酸的合成和积累，进而提高了高品质芳香葡萄酒所必需的乙酯的含量（Gutiérrez-Gamboa et al.，2015；Mendes-Ferreira et al.，2011）。Garde-Cerdán 等（2014）也研究得出，叶面苯丙氨酸的施用显著提高葡萄中氨基酸含量（56.67%），但葡萄酒中总氨基酸含量在不同氮素处理之间却没有显著差异。造成这些结果的原因可能是，葡萄中氨基酸含量越高，酒精发酵过程中氨基酸的消耗量越大，最终导致葡萄酒中氨基酸含量没有差异（Portu et al.，2014）。Verdenal 等（2015）研究得出在转色期叶面喷施尿素比在开花期叶面喷施尿素能更有效地纠正葡萄园中的氮素缺乏情况。因为在开花过程中喷施尿素肥料时，营养器官和生殖器官之间的竞争可能更强，而在转色期，葡萄生殖器官比营养器官（叶子、枝条、树干和根部等）能更多地利用叶面尿素肥料。所以 FNAV 补充的氮素可能会更多地转移到果实中，从而促使更多的氨基酸积累（Lasa et al.，2012）。此外，Gutiérrez-Gamboa 等（2017a，2017b）对不同叶面施氮处理下的氨基酸组分进行了一系列研究，得出商业氮肥处理对葡萄（Gutiérrez-Gamboa et al.，2017a）、葡萄醪和葡萄酒（Gutiérrez-Gamboa et al.，2017b）中的氨基酸均有积极作用。这些结果对于缺乏氨基酸的葡萄园具有重要的意义，能保证葡萄酒发酵具有可靠和有效的酒精发酵动力，并且可能有利于挥发性物质的合成，从而提高葡萄酒的品质。然而，也有研究得出不同叶面氮肥对葡萄中氨基酸含量没有显著影响得出这一结果的原因，可能由于当葡萄植株没有氮素需求时，不会吸收更多的外源氮（Garde-Cerdán et al. 2017）。此外，有些结果与预期的结果不一致，比如某些叶面氨基酸的施用不会增加葡萄和葡萄酒中相应氨基酸的含量，有研究证明施用精氨酸肥料对葡萄中的精氨酸和总氨基酸含量没有影响，但会增加葡萄酒中谷胱甘肽含量（Gutiérrez-Gamboa et al.，2017b），可能是由于发酵过程中酵母代谢的影响。

迄今为止，研究得出葡萄中氨基酸含量对 FNAV 的响应有两类不同的结果：增加（Bruwer，2018；Gutiérrez-Gamboa et al.，2017a，2017b；Hannam et al.，2015；Lasa et al.，2012；Verdenal et al.，2015）和无影响（Garde-Cerdán et al.，2017）。最终结果主要取决于葡萄对氮素的需求（Garde-Cerdán et al.，2017；Portu et al.，2014）。对于具有高氮需求的葡萄，FNAV 提供的氮素可能会直接进入葡萄果实并增加其氮素含量，包括氨基酸（Fernández et al.，2009；Lasa et al.，2012；Verdenal et al.，2015）。对于具有低氮需求的葡萄，FNAV 补充的氮素可能会破坏葡萄植株生殖发育与营养生长的平衡，不仅不增加氨基酸含量，反而导致葡萄植株营养生长旺盛，进而限制对葡萄果实碳水化合物的供应（Bell et al.，2005）。总之，FNAV 对葡萄中酵母可同化氮组成和含量的影响主要取决于葡萄植株对氮素的需求。除此之外，也受到气候、当地栽培措施、品种、年份、研究地点等的综合影响，具体影响程度还因施用量、类型、时间不同而异。

六、FNAV 对葡萄和葡萄酒理化性质与酚类物质的影响

FNAV 对葡萄和葡萄酒基本理化性质的影响会因补氮类型、用量、年份等不同而异，但总体来看，基本不影响果实和葡萄酒的糖、酸、pH、酒度等指标（Garde-Cerdán et al.，2014，2015a，2015b，2017；Gutiérrez-Gamboa et al.，2017a，2017b；Portu et al.，2015a，2015b，2017）。

酚类化合物是葡萄的次生代谢产物，主要包括类黄酮类和非类黄酮类。其中类黄酮主要包括黄酮醇、黄烷醇和花色苷。它们不仅显著地影响葡萄和葡萄酒的感官特性，包括颜色、稳定性、口感（Gonzalo-Diago et al.，2014；Koes et al.，1994；Li et al.，2019），而且决定着葡萄酒在橡木桶中的陈酿能力（Rubio-Bretón et al.，2012）。此外，由于酚类化合物具有抗氧化和清除自由基的特性以及对金属的螯合能力，使得其对人体的保健功效近年来受到普遍关注（Del Rio et al.，2013；

Smoliga et al.，2011）。葡萄酚类成分受许多因素的影响，例如环境条件、栽培措施以及品种（Kennedy et al.，2002；Lijavetzky et al.，2006）。氮素是调控植物生长和发育的大量营养元素。此外，在低氮葡萄园中，外源氮素的补充可能通过影响类黄酮合成途径的前体物质苯丙氨酸的代谢来影响类黄酮合成关键基因，进而影响黄酮醇、黄烷醇、花色苷、酚酸和芪类物质的合成（Soubeyrand et al.，2014；Wang et al.，2018）。如图 1-4 所示，苯丙氨酸作为酚类化合物生物合成的前体物质，在 PAL、C4H 和 4CL 的催化下被转化为 4-香豆酸辅酶 A。其可作为两种酶的底物形成两条分支途径，一种是被 CHS 催化后的类黄酮代谢途径，另一种是被 STS 催化后产生芪类物质。其中，4-香豆酸辅酶 A 和丙二酰辅酶 A 用作类黄酮代谢的底物，然后进行一系列的酶催化反应，生成一系列的次级代谢产物，如黄酮醇、黄烷醇和花色苷。因此，转色期叶面氮素的补充可能对处于生殖生长阶段代谢旺盛的酚类物质产生积极影响。

关于 FNAV 对葡萄和葡萄酒中酚类影响的研究较少（Portu et al.，2015a，2017），仅有的研究结果得出 FNAV 对花色苷和黄酮醇有提升的趋势（Portu et al.，2015a，2017）。主要原因可能与施肥时间有关，因为花色苷和黄酮醇是在转色期开始积累的，在此时期喷施氮肥有利于它们的生物合成；但供应的氮素对葡萄产生的影响可能会随着时间的推移而逐渐消失，尤其是随着成熟的临近（Matus et al.，2009；Martínez-Lüscher et al.，2017），导致对风味物质含量有提升但未达显

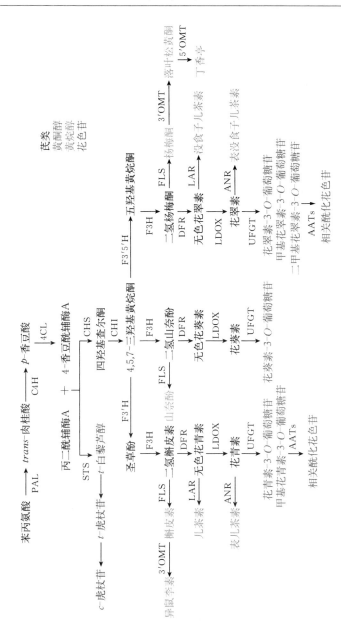

图1-4　以苯丙氨酸为前体的各种酚类物质的代谢途径(Cheng et al., 2021)

著水平（Portu et al.，2015a，2017）。Portu 等（2015a，2017）在西班牙里奥哈省北部地区的葡萄园对同一品种进行 FNAV，研究得出叶面喷施苯丙氨酸和尿素有助于葡萄皮中酚类化合物的合成，且低氮浓度的尿素处理（0.9 kg/hm²）可显著增加葡萄中某些单体花色苷（尤其是非甲基化的花色苷）和黄酮醇的含量。此外，即使是同一葡萄品种（丹魄），果实中酚类物质也会因年份、地区而异，在 2014 年和 2015 年连续两年施用最小剂量的苯丙氨酸和尿素两种叶面肥研究得出，施用苯丙氨酸增加少数花色苷的浓度，但在第二年减少了羟基肉桂酸的含量，而施用尿素在第一年没有研究效果，在第二年却增加了一些黄酮醇含量（Portu et al.，2017）。这些结果与预期的结果不一致，因为传统的氮肥施用观念认为，在转色期间施用氮肥可能会导致花青素含量降低、颜色损失。这种结果主要由于在氮素充足的土壤上继续补充氮素加剧了葡萄植株营养生长和生殖发育之间的竞争，进而不利于风味活性代谢产物的合成。但是，在低氮葡萄园进行 FNAV，因氮素剂量较小不会影响植株生长活力和冠层微气候（Hannam et al.，2015），反而可以改善氮素缺乏问题并有可能增加酚类物质。

FNAV 对葡萄酒中酚类含量的影响在不同研究中呈现不同的结果（Portu et al. 2015a，2017）。Portu 等（2015a）研究得出 FNAV 增加了葡萄酒中花色苷和黄酮醇的含量，但是对葡萄酒中的黄烷醇和非类黄酮却无影响，可能受到葡萄果实中相应物质含量的限制。然而，Gutiérrez-Gamboa 等（2017）研究得出，FNAV 会降低葡萄酒中的类黄酮浓度，该结果可能

与葡萄植株的低氮需求有关。因此，不应在富氮葡萄园中进行
FNAV，以避免刺激营养器官对碳水化合物的需求，否则葡萄
和葡萄酒中的酚类成分的积累会受到影响。就目前的结果而
言，较小剂量的叶面尿素和苯丙氨酸的施用是改善葡萄和葡萄
酒中酚类成分的最佳选择。在低氮葡萄园 FNAV 会对这些酚
类成分产生积极影响，进而可能会改善葡萄酒的感官品质。然
而，针对 FNAV 的不同时间、浓度和次数、葡萄品种和不同
地区的研究很少且目前尚未关注 FNAV 对酚类物质合成机理
的影响，这不足以全面评估 FNAV 对葡萄和葡萄酒风味成分
的影响及其潜在机理。

　　此外，氮素是调节植物生长发育的关键营养元素。为了响
应供氮量的变化，植物在生理和形态两个方面呈现出微妙的生
理和激素响应，以调节其生长和发育。高等植物由具有不同功
能和营养需求的多个器官组成，依赖于局部和长距离信号通路
来协调整个植物水平的反应。植物激素被认为是这种途径的信
号物质，在植物激素中，脱落酸（ABA）、生长素（IAA）和
细胞分裂素（CTK）与氮素信号传导密切相关（Kiba et al.，
2011）。其中，虽然尚不清楚 ABA 含量的变化是否与氮信号
有关，但 ABA 在氮信号中的参与情况已变得越来越明显（Ki-
ba et al.，2011）。虽然植物激素通常以极低的浓度存在，但
可以调节植物生长的许多方面，可以直接或者间接地调控植物
体内各种代谢途径中酶蛋白的合成或活性，进而影响植物多种
代谢途径，例如类黄酮物质（尤其是花色苷）的积累（张上隆
等，2007）。

目前许多研究可知，ABA 可以显著促进多个葡萄品种果实的成熟和着色，提高葡萄糖含量和花色苷总量（Alonso et al.，2016；Cantin et al.，2007；Koyama et al.，2018；Peppi et al.，2006；Neto et al.，2017；Wang et al.，2016）。无论对葡萄喷施 ABA 还是对葡萄果实采用 ABA 进行离体培养均能显著提高酚类含量，尤其是花色苷含量，促进果实着色（Ferrero et al.，2018）。总之，有研究得出氮素会影响植物 ABA 的含量，并且已知 ABA 可以调控果皮花色苷的代谢，影响花色苷的种类和含量。所以，猜测 FNAV 可能通过调节 ABA 激素水平进而调控类黄酮物质的合成。

七、FNAV 对葡萄和葡萄酒中挥发性物质的影响

香气物质是葡萄酒感官评价重要指标之一，且含氮的氨基酸是某些香气物质合成的前体物质（张上隆等，2007）。氨基酸主要由微生物通过 5 种酶，即转氨酶、脱羧酶、脱水酶、裂解酶和脱氨酶进行分解代谢。其中苏氨酸、苯丙氨酸、丙氨酸和天冬氨酸是在发酵过程中获得的对芳香族化合物影响最大的氨基酸（Hernández-Orte et al.，2006）。一些支链氨基酸如缬氨酸、亮氨酸、异亮氨酸经过转氨和脱羧作用生成高级醇，如异丁醇、2 - 甲基丁醇、异戊醇等香气成分（Lambrechts et al.，2000；Perestrelo et al.，2006），而这些杂醇类化合物主要是在发酵过程中由酵母合成的（Eden et al.，2001）。因此，氮肥的施用可以改善由氨基酸代谢的含氮挥发性物质。此外，Chassy 等（2014）发现苯丙氨酸在植物体内经过转化可以作

为中间底物库（即酚酰胺）在葡萄中积累，并在不同代谢途径的要求下进一步代谢。值得注意的是，苯丙氨酸不仅是葡萄中酚类物质生物合成的前体，而且也是其他次生代谢产物的合成前体物质，如葡萄酒中的挥发性化合物（2-苯乙醇和2-苯乙醛）（Garde-Cerdán et al.，2015a）。

目前，FNAV 对葡萄和葡萄酒中挥发性物质影响的研究较少（Ancín-Azpilicueta et al.，2013；Garde-Cerdán et al.，2015a，2015b；Gutiérrez-Gamboa et al.，2018；Mendez-Costabel et al.，2014），主要研究集中于对果实品种香气组分上。Garde-Cerdán 等（2015a）研究可知，多种类型叶面氮肥均减少果实中萜类化合物合成，其中唯有苯丙氨酸增加苯类化合物的含量（较对照2-苯乙醇和2-苯乙醛的含量显著增加178%），减少 C_6 物质，故被认定为最佳的叶面氮肥。这些结果表明，植物可以通过苯丙氨酸叶面肥的施用来吸收更多的苯丙氨酸物质，并通过以苯丙氨酸为前体的挥发物的合成途径，将苯丙氨酸转化为含有玫瑰香气的2-苯乙醇和2-苯乙醛。但是相关研究却较少，因此应开展更多研究以得出 FNAV 对葡萄挥发性成分影响的准确结论。此外，Mendez-Costabel 等（2014）采用灌溉和叶面施氮结合的处理研究对 IBMP（2-甲氧基-3-异丁基吡嗪）和 C_6 物质的影响，得出灌溉和施肥处理主要通过改变葡萄植株水分状态和遮阳面积间接影响果实的生青味，而并非通过氮素直接对 IBMP 和 C_6 物质产生影响。Pierre 等（2015）利用 IBMP 代谢相关基因的表达情况得出，氮肥对其代谢情况及对葡萄和葡萄醪中 IBMP 的含量均没有显

著影响，且不因试验点或品种不同而异。因此，可以表明
IBMP 合成与氮素没有直接关系。IBMP 含量主要取决于葡萄
植株的活力，而葡萄植株的活力可能与氮营养有关。

总之，在低氮葡萄园进行 FNAV 有潜力提高酿酒葡萄风
味物质进而改善葡萄酒的感官品质，但相关研究极少，且缺乏
FNAV 对风味物质合成机理的探讨，不足以全面了解 FNAV
对酿酒葡萄品质的影响及影响机制。

八、FNAV 对酿酒葡萄影响研究的不足

经过对以上文献综述可知，在低氮葡萄园 FNAV 在不影
响营养生长情况下有增加葡萄果实风味物质含量的潜力，但相
关研究甚少。优质葡萄果实原料生产会受到风土的影响，以前
主要由西班牙葡萄与葡萄酒科学研究所针对当地丹魄葡萄进行
集中研究（Garde-Cerdán et al.，2015a，2015b；Gutiérrez-
Gamboa et al.，2018；Portu et al.，2017）。贺兰山东麓是适
宜酿酒葡萄生长的优质产区，但土壤多为沙壤土和砾质沙土质
地，漏水漏肥严重、氮素含量极低；且氮肥施用方式单一，仅
在萌芽前根施氮肥不能满足葡萄在不同生育阶段对氮素的需
求。且目前在贺兰山东麓地区未开展过相关研究，因此，非常
有必要在此地区综合考量 FNAV 对风味物质的影响，这一研
究不仅可丰富肥料生态与葡萄品质的理论体系，而且为宁夏主
栽酿酒葡萄品种施肥管理措施的制定提供理论依据。

第二章

研究内容和方法

第一节　研究区域概况

一、土壤指标分析

　　试验在宁夏回族自治区永宁县闽宁镇立兰酒庄的葡萄园（处于宁夏贺兰山东麓产区，$38°28'$N，$105°97'$E；海拔 $1\,170$ m），开展为期两年（2018 年、2019 年）的转色期叶面供氮研究。试验地为宁夏当地典型的土壤类型，沙壤质地，土壤结构性差，漏水漏肥严重。试验区所在地属于干旱半干旱的大陆性气候，常年干旱少雨，年均降水量不足 200 mm，年均气温为 8~9 ℃，昼夜温差为 10~15 ℃，全年有效积温 $3\,000$ ℃以上，全年日照时数 $1\,800$ h 以上，无霜期 150~170 d。

　　每年萌芽阶段，在该试验区施用 4.5 t/hm^2 的腐熟羊粪，其中包括 11 kg 全氮、4.5 kg 全磷和 13.5 kg 全钾，具体土壤基础理化指标见表 2-1。由表 2-1 可知，该试验地属严重缺氮的土壤。

表 2-1　试验地土壤基础理化情况

项目	2018 年		2019 年		适宜范围
	0～20 cm	20～40 cm	0～20 cm	20～40 cm	
容重（g/cm³）	1.52	1.43	1.55	1.37	
总孔隙度（%）	42.22	44.28	41.02	45.39	
田间持水量（%）	24.38	27.56	25.29	30.28	
全盐（g/kg）	0.62	0.52	0.65	0.43	
pH	8.8	8.9	8.44	8.5	
有机质（g/kg）	7.01	5.03	8.36	6.87	20～30
全氮（g/kg）	0.49	0.43	0.51	0.46	1～1.5
全磷（g/kg）	0.30	0.26	0.31	0.25	0.6～0.8
全钾（g/kg）	21.69	21.67	23.30	22.25	15.1～20
碱解氮（mg/kg）	10.35	9.70	12.25	10.86	90～120
有效磷（mg/kg）	11.6	6.46	12.02	4.87	10～20
速效钾（mg/kg）	158.00	104.23	164.56	108.5	100～150
有效钙（mg/kg）	5 906.85	5 374.01	5 224.80	4 978.42	500～700
有效镁（mg/kg）	252.38	220.38	262.40	234.48	100～200
有效铁（mg/kg）	3.57	2.13	4.45	3.23	10～15
有效锌（mg/kg）	0.45	0.19	0.93	0.88	1～2
有效铜（mg/kg）	1.05	0.79	1.15	0.92	0.5～1.0
有效锰（mg/kg）	5.87	5.11	13.90	8.00	4～5

注：适宜范围参考酿酒葡萄种植土壤养分标准（马玉兰，2009）。

二、气象指标分析

2018 年和 2019 年葡萄生长季 4—9 月的降水量和温度等气象指标见图 2-1，有效积温和日照时数等气象指标见表 2-2，且图 2-1 中横坐标较长的小段是采样期的小标记。其中 4—6 月为葡萄营养生长期，7—9 月为葡萄生殖发育期。由

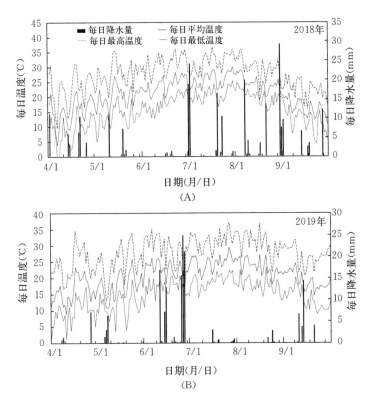

图 2-1　2018 年和 2019 年的气象数据（4—9 月的每日最高、最低、
　　　　平均温度和每日降水量）

图 2-1 可知，2018 年葡萄生长季的降水量近 260 mm，大于
2019 年的降水量，为多年来降水较多的年份，且降水主要集
中于转色至成熟阶段，可能对风味物质形成产生一定影响。
2018 年 5 月花期的日平均温度（20～25 ℃）高于 2019 年花期
的日平均温度（17～23 ℃），较高且适宜的温度更有利于葡萄
植株开花和坐果，最终可能提高果实产量。由表 2-2 可知，

对于整个葡萄生长季节而言，2018 年的有效积温和日照时数等参数较 2019 年更大，有利于果实发育和产量形成。但是在转色至成熟期，2019 年与 2018 年相比日照时数较长，有效积温较高和日较差较大（图 2-1），则更有利于类黄酮物质的积累。两年的气候差异较大进而引起两年葡萄品质的差异，2019 年气候更加适宜葡萄果实发育，有利于风味物质的积累。

表 2-2 葡萄生长季（4—9 月）的有效积温和日照时数

年份	指标	4 月	5 月	6 月	7 月	8 月	9 月	4—6 月	7—9 月	总值
2018	有效积温（℃）	154.95	312.40	421.40	486.20	443.20	186.40	888.75	1 115.80	2 004.55
	日照时数（h）	277.00	310.40	280.60	282.40	243.10	209.50	868.00	735.00	1 603.00
2019	有效积温（℃）	179.40	240.60	378.40	454.50	405.30	266.10	798.40	1 125.90	1 924.30
	日照时数（h）	266.70	230.10	226.70	309.00	315.90	236.90	723.50	861.80	1 585.30

第二节　供试材料和试验设计

试验采用 2012 年种植的长势一致的赤霞珠葡萄（*Vitis vinifera* L. cv Cabernet sauvignon）作为试材。葡萄植株为南北行向，架形为"厂"字形，株行距为 0.6 m×3.0 m，种植密度为 3 538 株/hm²。两年试验是在同一地块的定位试验，且所有葡萄植株均按照当地栽培模式进行种植管理。在转色期，当果实的可溶性固形物达到 15～16°Bx 时，首次施用叶面氮肥；随后约在 2 周后和 5 周后（预计成熟期前 10 d 左右），分别再施用 2 次氮肥，共施用 3 次氮肥，具体施用时间见表 2-3。

表 2-3　叶面供氮和采样时间

| 物候期 | 2018 年 | | | | 2019 年 | | | |
	时间（月/日）	花后天数（d）	喷施时间	采样时间	时间（月/日）	花后天数（d）	喷施时间	采样时间
E-L 36	8/9	60	√	√	8/11	62	√	√
E-L 36.5	8/21	72	√	√	8/24	75	√	√
E-L 37	9/1	83		√	9/3	85		√
E-L 37.5	9/13	95	√	√	9/14	96	√	√
E-L 38	9/23	105		√	9/24	106		√

注：物候阶段参考 E-L 系统（Coombe，1995），该葡萄园 2018 年和 2019 年商业采收期分别为花后 112 d 和 113 d。

在正式试验开始前，进行了叶面喷施的预试验。由预试验结果可知，当每株树的喷施量为 100 mL 时，液滴呈现欲滴未滴的状态，则 100 mL 为每株树适宜的喷施量。对酿酒葡萄植株而言，叶面喷施超过 0.3%（V/V）的尿素，可能存在烧叶的风险，所以选取常用的 0.15% 和 0.3%（V/V）的尿素用于配制叶面肥，经过体积和浓度的换算可获得每株树供给的氮素量为 69 mg 和 138 mg。

在正式开始供氮试验时，每次喷施具有 2 个浓度的尿素和苯丙氨酸的氮肥：69 mg/株和 138 mg/株的尿素（UT1 和 UT2），69 mg/株和 138 mg/株的苯丙氨酸（PT1 和 PT2）。且处理中均加入 Tween-80 作为水溶肥的助剂（$0.1\%\ v/v$）。对照处理（CK）仅喷施含有 Tween-80 的蒸馏水，5 个处理的试验设计见表 2-4。试验采用随机区组设计，重复 3 次，每重复包含 80 株。所有处理在喷施之前先给果穗套袋，以防被氮素污染，之后依次进行叶面氮肥的喷施。

表 2-4　田间试验设计

处理	叶面供氮类型	叶面供氮量（mg/株）
CK	无	0
UT1	尿素	69
UT2		138
PT1	苯丙氨酸	69
PT2		138

第三节　研究内容

针对宁夏贺兰山东麓酿酒葡萄产区土壤缺氮、根施氮素利用率低且施用时期不合理等问题，在 2018—2019 年连续两年采用转色期叶面供氮（FNAV）技术，深入探究不同类型和剂量的叶面供氮措施对果实氮储量、葡萄及葡萄酒品质的影响，在亏氮葡萄园建立氮素精确适应制度，完善对应的酿酒葡萄品质监控体系，确立转色期叶面供氮下优质酿酒葡萄管理的技术规程，为推动贺兰山东麓及同类土质气候区酿酒葡萄节水灌溉和优质高效栽培提供科学依据。

　　本项目以贺兰山东麓半干旱区酿酒葡萄为对象,应用 FNAV 技术,通过田间试验、品质相关指标测定、感官品评、双因素和相关性分析等手段,研究叶面供氮最佳氮素类型和剂量等对酿酒葡萄和葡萄酒品质的影响。具体内容有以下 3 个方面。

一、葡萄与葡萄醪含氮物质对 FNAV 响应的研究

　　探究 FNAV 对葡萄果实各个部位氮素、葡萄皮苯丙氨酸、葡萄醪酵母可同化氮等的影响,以揭示在瘠薄沙地葡萄园进行 FNAV 对葡萄和葡萄醪补氮效果的影响,并以此为依据揭示 FNAV 提高葡萄品质的氮素基础。

二、葡萄果实品质对 FNAV 响应的研究

　　研究 FNAV 对葡萄果实基础理化指标、类黄酮总量及其组分、氨基酸及其衍生的挥发性物质的影响,以揭示提高果实品质的最佳 FNAV 的氮素类型和剂量,达到减肥提质、养分按需分配的目的,而且为宁夏主栽酿酒葡萄品种施肥管理措施的制定提供理论依据,为进一步提高葡萄酒品质奠定基础。

三、葡萄酒品质对 FNAV 响应的研究

　　研究 FNAV 对葡萄酒基础理化指标、类黄酮总量及其组分、花色苷与色泽关系、氨基酸及其衍生的挥发性物质的影响以及综合感官品评,为宁夏贺兰山东麓酿酒葡萄产区科学管理提供依据。

第四节 研究方法

一、样品采集

（一）土壤采集

在 2018 年和 2019 年每年的第一次采样时（E-L 36，具体见表 2-3），分别按要求进行土壤样品的采集。采集土壤样品时，避开施肥穴并采用 S 形采样法，选取 10 株葡萄植株，在每株树四周 30 cm 处分别取 0～20 cm 和 20～40 cm 两个土层的土样，并采用四分法收集土壤。将样品运回实验室后，去除杂草、根系和石块等杂物后将在室内风干、过筛，待测。

（二）叶柄采集

在 2018 年和 2019 年每年的第一次采样时（E-L 36，具体见表 2-3），采集健康的结果枝条中部叶片的叶柄置于自封袋，每个重复随机采集 15 片。运回实验室后，用蒸馏水清洗干净表面后再置于烘箱烘干。最后将植物干样用不锈钢粉碎机磨碎并过 60 目筛（0.25 mm），备用。

（三）果实采集

两年的果实采集时间基本一致，第一次叶面补氮时间也为首次采样时间。当百粒重恒定，且 CK 的可溶性固形物达到 23～25°Bx，可滴定酸为 5～6 g/L（酒石酸标定）时为成熟期，可进行采收。第一次采样后每隔约 10 d 进行一次采样，总共采集 5 次，具体采样时间见表 2-3。当采样时间和喷施时间重合时，先进行采样再进行氮肥喷施。每个重复在阴阳两面随机各采取 5 串葡萄，迅速用液氮冷冻并用干冰保藏运至实验室存于−40 ℃冰箱中备用。

二、土壤养分诊断和植物组织氮素含量测定

（一）土壤基础物理化学指标和叶柄氮素含量测定

测定两年转色期土壤的基础理化指标，包括容重、孔隙度、田间持水量、全盐、pH、有机质、大量元素的全量和有效态的大、中、微量元素，参考鲍士旦（2007）的测定方法。容重用环刀法测定，孔隙度用容重数值来计算，田间持水量用室内环刀法测定，全盐用电导仪测定，pH 用精密酸度计测定，有机质用重铬酸钾容量法（外加热法）测定，全氮用 H_2SO_4-催化剂消解—全自动定氮仪测定，全磷用 H_2NO_4-$HClO_4$-HF 消解—钼锑抗比色法—全自动流动分析仪测定，全钾用 H_2NO_4-$HClO_4$-HF 消解—火焰光度法测定，碱解氮用碱解扩散法测定，有效磷用 $NaHCO_3$ 浸提—钼锑抗比色法—全自动流动分析仪测定，速效钾用 CH_3COONH_4 浸提—火焰光度法测定，有效钙和镁用原子吸收分光光度法测定，有效铁、锰、铜、锌采用 DTPA-TEA-$CaCl_2$ 浸提—原子吸收分光光度法测定。

葡萄叶柄氮素采用 H_2SO_4-催化剂消解—全自动定氮仪测定。

（二）葡萄果实各个部位氮素积累量测定

葡萄果实分为果皮、果肉和种子 3 个部位测定全氮含量，

来评估叶面氮素的吸收和分布情况。从－40 ℃冰箱拿出果实，轻微融化后取皮，把剩下的组织用液氮速冻，同时在研钵中捣碎取出种子。并在速冻状态下将这 3 个组织部位磨成粉状，最终采用 H_2SO_4 -催化剂消解—全自动定氮仪测定。将各个部位的重量乘各自的氮素含量，即为葡萄果实各个部位氮素积累量。

（三）葡萄果实的氨基酸单体含量测定

参照《食品安全国家标准　食品中氨基酸的测定》（GB 5009.124—2016）的方法测定果实中氨基酸含量。果实前处理及分析方法完全参照付涛等（2015）的方法，测定分析采用日立 L‑8900 全自动氨基酸分析仪进行，采用 3 μm 的磺酸型阳离子树脂色谱柱，分离柱为 4.6 mm×60 m，570 nm 和 440 nm 的检测波长，53 ℃的柱温，135 ℃的反应温度。共分离测定到与挥发性物质相关的 9 种氨基酸，标准品均购自 Sigma-Aldrich 公司（美国）。

（四）葡萄皮苯丙氨酸含量和葡萄醪酵母可同化氮总量测定

葡萄皮苯丙氨酸提取方法：快速剥掉葡萄皮，精确称重 1.0 g 并在液氮下快速研磨成粉，随后将其加入含有 9 mL PBS（pH 7.2～7.4）的 10 mL 离心管中。然后将样品离心 20 min（8 000g，4 ℃），收集上清液进一步分析。采用 Fankel ELISA 试剂盒（19112009N，中国）测定含量。

葡萄醪酵母可同化氮含量采用铵态氮和初级氨态氮的试剂盒（Megazyme，爱尔兰）测定，并将两者含量加和即为酵母可同化氮总量。

三、果实基本理化指标测定

果实的粒重、皮果比、横纵径等物理指标与可溶性固形物、可滴定酸和 pH 等化学指标的测定参考侍朋宝（2017）的测定方法。

四、果皮酚类物质含量测定

（一）果皮中酚类总量组分的提取和测定

每个重复约取 100 个葡萄果实，将剥下的果皮进行冷冻干燥 24 h（−55 ℃）后，再在液氮保护下磨成粉末。前处理结束后，酚类物质的提取与总酚（TPC）、总类黄酮（TFC）、总花色苷（TAC）和总黄烷 - 3 醇（TFOC）含量的测定参考 Meng 等（2012）的提取和测定方法。

（二）果皮中花色苷单体组分的提取和测定

单体花色苷的提取和测定根据 Cheng 等（2020a，2020b）的方法执行。将 0.50 g 果皮粉末用 10 mL 盐酸/水/甲醇溶液（体积比为 1∶19∶80）进行提取。依次使用超声波振荡器、摇床和高速冷冻离心机在黑暗中充分提取混合物。之后，收集上清液，将残余物再进行 3 次同样的萃取。最后，收集所有上清液，并通过浓缩离心机进行干燥，然后将其重新溶解在 10 mL 甲醇中。这些提取物在进行色谱分析之前，需要使用 0.45 μm 有机滤膜进行过滤。液相色谱分析使用 HPLC（LC - 20A，Shimadzu，日本）来测量单体花色苷。通过 C_{18} 色谱柱（4.6 mm×250 mm，4 μm，SynergiTM 4 μm Hydro-RP 80A，Phenomenex，

美国）分离样品。流动相 A 的组成为甲酸/水/乙腈（体积比为
5：40：55）；流动相 B 组成为甲酸/水/乙腈（体积比为 10：
40：50）。溶剂梯度洗脱如下：0～15 min，0～10％B；15～
30 min，10％～20％B；30～45 min，20％～35％B；45～
46 min，35％～100％B；50～51 min，100％～0％B。每种单
体花色苷的相对浓度用锦葵花素-3-O-葡萄糖苷的当量表示。

（三）果皮中非花色苷类黄酮单体组分的提取和测定

非花色苷类黄酮单体的提取和测定根据 Cheng 等（2020a，
2020b）的方法执行。简单地说，通过 UPLC-MS/MS 对单个非
花色苷类黄酮进行分析，即具有 ACPLCTYUPLC®BEH C_{18} 色
谱柱（1.7 μm，2.1 mm×100 mm，Waters，法国）的 UPLC
（NEXERA LC-30AD，Shimadzu，日本），并与三重四极杆质谱
仪（Triple Quad ™4500LC/MS/MS 系统，AB Sciex，美国）串
联进行分析。洗脱液 A 为甲酸/水（体积比为 1：999），洗脱液
B 为甲酸/乙腈（体积比为 1：999）。溶剂梯度设定如下：0～
3 min，5％B；3～6 min，30％B；6～9 min，50％B；9～12 min，
70％B；12～17 min，5％B。根据母离子和碎片离子的重量以及
标准品的保留时间鉴别非花色苷类黄酮单体组分，非花色苷类
黄酮单体的浓度通过外标法计算。17 种非花色苷类黄酮单体化
合物的标准品均购自 Sigma-Aldrich（美国）。

五、果实挥发性物质含量测定

（一）果实挥发性物质的提取方法

取出储存于-40 ℃的 50 粒葡萄果实，在液氮保护下迅速

去籽并磨成粉后放入 50 mL 离心管，之后加入 0.5 g D-葡萄糖内酯和 1 g 聚乙烯吡咯烷酮进行混合。随后将其放入 4 ℃的冰箱中浸渍至少 4 h 后，离心 15 min（8 000 g，4 ℃）获得上清提取液，以备上样分析。

（二）果实挥发性物质的测定方法

果实挥发性物质测定采用外标法，方法如下：将充分解冻的提取液（5 mL）、NaCl（1.00 g）和内标物质（10 μL 1.00 g/L 的 4-甲基-2-戊醇）尽快加入 20 mL 的进样瓶中，准备上机检测。葡萄果实挥发性物质的提取参考陈黄曌（2020）的方法。样品检测采用含有 HP-INNOWAX 分离柱（60 m×0.250 mm×0.25 μm）的 Agilent 7890B-5977B 气质联用仪。升温程序：初始温度为 50 ℃，保持 5 min，以 3 ℃/min 的速度升至 220 ℃，然后保持 5 min，总运行时间为 67 min。采用 100 g/L 果糖、200 g/L 葡萄糖、酒石酸调 pH 为 3.5 的葡萄汁模拟液配置标准曲线。标准品溶液进行 12 个梯度稀释制作标准曲线。

六、样品采集和小容器葡萄酒酿造

在 2018 年和 2019 年两年的葡萄成熟期，将葡萄园中 5 个处理的剩余果实全部采摘并去除霉烂果和生青果后，每个重复选取约 20 kg 的葡萄并参考陈黄曌（2020）的小容器葡萄酒酿造方法进行酿造。

七、葡萄酒品质的测定

（一）葡萄酒基本理化指标

葡萄酒残糖、可滴定酸、酒精度、干浸出物和挥发酸等基本理化指标的测定参考宋长征（2018）的方法。

（二）葡萄酒酚类物质含量

1. 葡萄酒中酚类总量组分的前处理和测定

葡萄酒离心去除酒泥后（8 000g，10 min），可直接吸取进行酚类物质测定。总酚（TPC）、总类黄酮（TFC）、总花色苷（TAC）和总黄烷-3醇（TFOC）含量的测定参考 Meng 等（2012）的前处理和测定方法。

2. 葡萄酒中类黄酮单体组分的前处理和测定

葡萄酒离心去除酒泥（8 000g，10 min），并经 45 μm 的 PTFE 无机滤膜过滤后，可直接吸取进行类黄酮单体组分测定。花色苷单体的测定及分析方法同前文果皮酚类物质含量部分果皮中花色苷单体组分的提取和测定；非花色苷类黄酮类单体的测定及分析方法同前文果皮酚类物质含量部分果皮中非花色苷类黄酮单体组分的提取和测定。

（三）葡萄酒挥发性物质含量

将葡萄酒（5 mL）、NaCl（1.00 g）和内标物质（10 μL 1.00 g/L 的 4-甲基-2-戊醇）依次加入 20 mL 的进样品中，接下来葡萄酒挥发性物质测定及分析方法同前文果实挥发性物质含量部分。

（四）葡萄酒色泽指标

1. 葡萄酒 CIELab 参数测定和特征颜色图的生成

使用 NF333 分光光度计（日本电色工业株式会社，日本）检测葡萄酒的 CIELab 参数，直接获取 L^*（亮度）、a^*（绿色/红色）、b^*（蓝色/黄色）、C^*（饱和度）值和 h^o（色调角）。

获得 CIELab 参数指标后，采用李运奎（2017）的方法获得 CIELab 特征颜色图。

2. 葡萄酒拍照

5 个处理的葡萄酒取等量的酒液加入标准葡萄酒酒杯，放置于同一小型摄影棚进行拍照，获取葡萄酒颜色的真实图像。

八、葡萄酒感官品评

由 15 名专业品评员（8 女 7 男，23～42 岁）进行葡萄酒样品的感官品评（包括颜色、气味及口感等指标）。在感官品评前，每个酒杯中倒入约 30 mL 的酒样，将其放置于室温下醒酒 30～40 min。

葡萄酒样品的品评试验参考陈黄曌（2020）的方法并稍作修改，包括描述性检验和标度检验两部分。描述性检验选取 7 种常用的描述香气的类型，包括花香（floral）、果香（fruity）、植物香（vegetable）、香料香（spice）、熏烤香（toasty）、矿物质（mineral）和动物香（animal）。并要求评价员对气味强度进行评判打分，用 0 分、1 分、2 分、3 分和 4 分别表示未感觉到气味、较弱的气味强度、适中的气味强度、较强的气味强度和非常强的气味强度，0.5 的分值可以存在。标度检验主要包括 3 方面，分别为外观、香气和口感。分值为百分制，85 分以上为优，75～84 分为良好，60～74 分为合格，60 分以下为有缺陷。

九、数据处理

数据采用 SPSS 24.0 进行单、双因素方差分析。当处理之间差异呈显著水平时，采用 Duncan's test 进行多重比较分析，最终采用 GraphPad Prism 8 绘图。

第三章

FNAV 对葡萄与葡萄醪含氮物质的影响

第一节　土壤和叶柄氮素养分诊断

一、土壤中氮素分析

土壤中氮素分析一般测定全氮和碱解氮含量，分别表示土壤氮素储量和植物可利用的氮素含量（Sicher et al.，1995）。在 2018 年和 2019 年转色期 2 个不同土层土壤中全氮含量和碱解氮含量分别见图 3-1（A）和图 3-1（B）。无论是土壤全氮

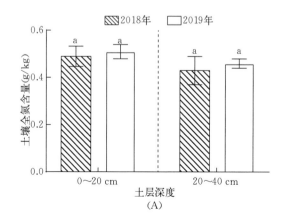

（A）

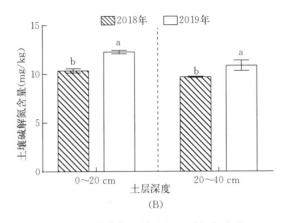

图 3-1　转色期土壤全氮和碱解氮含量

注：同一土层不同年份的小写字母表示不同处理的氮素含量存在显著差异。后同。

还是碱解氮，2019 年的含量均高于 2018 年，20～40 cm 土层的含量均低于 0～20 cm 土层。土壤全氮和碱解氮含量在连续两年期间均低于适宜范围，且处于评价标准的最低级别（第 6 级，表 1-1），属于极其缺氮的土壤。

二、叶柄中氮素分析

叶柄的含氮量也能间接判断葡萄植株的氮素营养状况（Menn et al.，2019），如图 3-2 整理了 2018 年和 2019 年两年转色期葡萄叶柄的含氮量。2019 年的叶柄含氮量大于 2018 年的，可能由于试验第二年春季有机肥的施入导致土壤中全氮和碱解氮的含量大于 2018 年，进而导致 2019 年植株较 2018 年吸收较多的氮素。但连续两年葡萄叶柄的含氮量均低于 18 mg/kg（表 1-2），处于酿酒葡萄园植株氮素含量的最低水平。

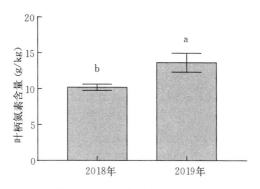

图 3-2　转色期叶柄氮素含量

第二节　FNAV 对葡萄果实各个部位氮素积累情况的影响

FNAV 处理后，测定葡萄果实各个部位氮素积累量可了解氮素的吸收、积累和分配情况。对两年整个果实的氮素积累量进行双因素方差分析可知，年份和处理的双因素交互作用和年份单因素对其影响未呈显著水平，而处理对其影响达到极显著水平（图 3-3）。整体来看，FNAV 处理后，两年的果实氮素积累量较 CK 均显著增加（2.78%～9.51%），表明叶面氮素施用确实能增加果实的含氮量，可为果实中氨基酸和酵母可同化氮含量的增加奠定基础。

果皮的氮素积累量虽占整个果实的氮素积累较少（19.11%～24.80%），但是其对果实风味物质的形成却非常重要（Bell et al.，2005），因为果皮是酚类和香气物质存在的重要部位之

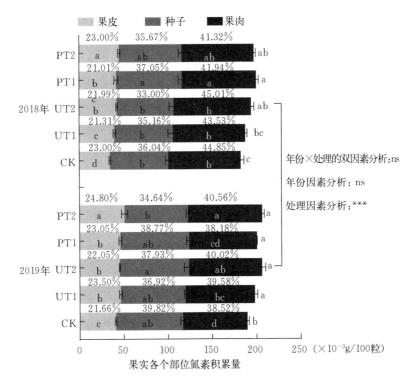

图 3-3 FNAV 对果实各个部位氮素积累量的影响

注：ns 表示不显著 (not significant)，*、** 和 *** 分别表示在 $P<0.05$、$P<0.01$ 和 $P<0.001$ 水平达显著差异。同一年份每一列不同的小写字母表示不同处理各个部位的氮素积累量存在显著差异；最后一列不同的大写字母表示不同处理果实中氮素积累量存在显著差异。

一。在低氮土壤中，果皮氮素积累量的增加可能会促使氨基酸含量的增加，其作为前体物质可能进而促进风味物质的形成。本研究得出，连续两年 FNAV 处理后，较 CK 果皮中的氮素积累均显著增加（10.71%～24.68%），且 UT2 和 PT2 效果基本均显著优于 UT1 和 PT1；PT2 处理下果皮中的氮素积累量最大且显著高于其他所有处理。在 2019 年 FNAV 处理均未显著增加种子中的氮素积累量，但基本均显著增加了果肉和整个果实的氮素积累量。整体来看，两年 FNAV 均显著增加果实中氮素积累量（尤以果皮中氮素积累量增加效果显著），且高氮处理效果基本均显著优于低氮处理，其中 PT2 效果最佳。这些结果表明，FNAV 处理显著提高低氮葡萄园中果实氮素积累量，可为葡萄和葡萄酒的风味物质积累奠定基础。

第三节　FNAV 对葡萄醪酵母可同化氮含量的影响

图 3-4 呈现了 2018 年和 2019 年葡萄醪中酵母可同化氮的含量。通过对两年葡萄醪中酵母可同化氮的含量进行双因素方差分析可知，双因素分析和年份单因素分析并未呈现显著差异。但两年不同处理之间呈现极显著差异，所有 FNAV 处理的酵母可同化氮含量均显著高于 CK，高氮处理的酵母可同化氮含量均大于低氮处理，苯丙氨酸处理的酵母可同化氮含量均大于尿素处理。且两年 PT2 的酵母可同化氮含量均在当年所有处理中达最高值，为 216 mg/L（2018 年）和 231.3 mg/L（2019 年），较 CK 分别增加 22.44％和 23.47％。在低氮葡萄园中，FNAV 能显著增加葡萄醪的酵母可同化氮含量，为后续葡萄酒的充分发酵奠定基础，且高氮处理的酵母可同化氮含量均大于低氮处理，苯丙氨酸处理的酵母可同化氮含量均大于

尿素处理，其中PT2效果最佳。

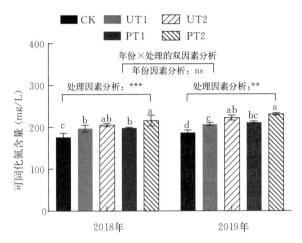

图3-4 FNAV对葡萄醪中酵母可同化氮含量的影响

注：ns表示不显著（not significant），*、**和***分别表示在$P<0.05$、$P<0.01$和$P<0.001$水平达显著差异。同一年份的不同字母表示处理间存在显著差异。

第四节 FNAV 对葡萄果皮苯丙氨酸含量的影响

苯丙氨酸作为类黄酮合成途径的前体物质（Kubota et al.，2001；Swain et al.，1970），在转色至成熟过程，果皮中苯丙氨酸变化量在一定程度上能影响果皮中类黄酮物质的合成。FNAV处理后，果皮苯丙氨酸在转色至成熟过程中的具体代谢情况见图3-5。随着从转色至成熟期的推进，在2018年果皮苯丙氨酸含量呈现先降低后升高的趋势，而在2019年不同处理之间的果皮苯丙氨酸含量的变化趋势不相同：叶面喷施苯丙氨酸后，果皮苯丙氨酸含量呈先降后升再降的趋势，尿素处理的果皮苯丙氨酸含量呈现先降低后升高趋势，而 CK 的果皮苯丙氨酸含量的变化呈现先保持稳定再降低的趋势。

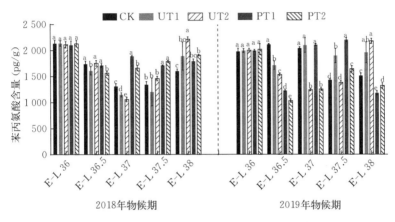

图 3 - 5　FNAV 对果皮苯丙氨酸含量的影响

注：同一年份的不同字母表示处理间存在显著差异。

在 2018 年和 2019 年两年中，首次 FNAV 处理后至第二次采样过程中，FNAV 处理下果皮苯丙氨酸的含量均小于 CK。在 2018 年第三次至成熟前采样过程中，尿素处理的果皮苯丙氨酸含量较对照降低，其他处理的果皮苯丙氨酸含量基本均显著大于 CK。且在此过程中，除成熟期苯丙氨酸处理的果皮苯丙氨酸含量显著低于尿素处理，其他 2 个时期苯丙氨酸处理的果皮苯丙氨酸含量却显著高于尿素处理的。在 2019 年 E-L 36.5 至 E-L 37.5 阶段中，高浓度氮素处理的果皮苯丙氨酸含量基本均显著低于低浓度氮素处理的和 CK。与

2018 年类似，在成熟期苯丙氨酸处理的果皮苯丙氨酸含量显著低于尿素和 CK 处理。总的来看，在转色至成熟期，果皮苯丙氨酸含量只能间接反映其代谢情况，还需要结合其他指标综合阐明 FNAV 对风味物质的影响，因此果皮苯丙氨酸变化量的综合结果可为 FNAV 处理下类黄酮物质含量的变化提供依据。

第五节　讨论与小结

一、讨论

通过对两年葡萄园土壤和叶柄中氮素含量的分析可知，土壤和植株的含氮量均处于评价标准的最低水平，属于极低氮土壤和具有高氮需求的葡萄植株。在这样的低氮葡萄园开展 FNAV 可能显著增加果实的氮素积累量。本试验表明通过叶面供应的氮素能被果实吸收积累，这主要是由于氮素在转色期进行叶面施用，转色期是营养生长和生殖发育的分界期，在此时期营养生长减慢或基本停止，生长重心转移至果实（Ollat et al.，2002；Stiegler et al.，2011），补充的氮素进入生殖生长代谢最旺盛的部位（果实）（Keller，2015），直接满足葡萄果实对氮素的需求。而且，叶面供氮的方式较土壤施氮能使氮素快速被植株吸收（Hannam et al.，2015；Lasa et al.，2012）。进而可提高葡萄氨基酸和葡萄醪酵母可同化氮含量，同时，本研究得出通过两年 FNAV 均可显著提高葡萄果皮中的氮素积累量，尤以果皮中氮素积累量提高效果显著，为后期风味物质形成提供底物（张上隆等，2007；Swain et al.，1970；Santamaría et al.，2015）。

在本试验中，所有 FNAV 处理的酵母可同化氮含量均显著高于 CK，其中两年 PT2 处理的酵母可同化氮含量均在当年所有处理中达最高值，这些结果与相关研究的结果（Garde-Cerdá et al.，2014；Hannam et al.，2015）部分一致，表明叶面施氮是一种有用的施肥技术，可改善果实中的氮储量。然而，也有一些已发表的研究结果得出，CK 和叶面氮处理之间未观察到酵母可同化氮含量的显著差异（Perez-Alvarez et al.，2017；Portu et al.，2017）。主要由于植株可能生长在富氮葡萄园，果实本身已储存了足够的氮，再对其进行叶面补氮处理，氮素不能被葡萄吸收。因此，仅在低氮葡萄园 FNAV 会对葡萄醪酵母可同化氮含量产生影响。

作为类黄酮合成途径的前体物质，苯丙氨酸在转色至成熟期过程中能影响果皮中类黄酮物质的合成，但相关研究并未关注这一点。本研究测定了两年果皮苯丙氨酸含量在转色至成熟期过程中的变化，来观察 FNAV 对果皮苯丙氨酸含量的影响进而为阐明果皮中酚类物质的变化提供依据。两年苯丙氨酸含量在转色至成熟期的变化趋势与果皮酚类物质含量在此过程中的变化规律呈相反趋势，与本研究预想的规律保持一致：果皮苯丙氨酸代谢能促使酚类物质合成（Swain et al.，1970；Santamaría et al.，2015），且在一定程度上解释了在本试验中苯丙氨酸的变化量对酚类物质合成的重要性。在 2018 年和 2019 年两年中，首次 FNAV 处理后至第二次采样过程中，

FNAV 处理下果皮苯丙氨酸的含量基本均小于 CK，表明在低氮葡萄园，FNAV 能迅速促进果皮苯丙氨酸的代谢。在两年的成熟期，苯丙氨酸处理的果皮苯丙氨酸含量显著低于尿素，说明在成熟前期，苯丙氨酸处理更能加快果皮苯丙氨酸的代谢。且在两年中，虽然有时 FNAV 处理下果皮苯丙氨酸含量高于 CK 的，但并不能说明该处理下果皮苯丙氨酸代谢情况与 CK 相比较弱，因为 FNAV 处理本身能增加果皮苯丙氨酸含量，即 FNAV 处理下果皮苯丙氨酸含量本身就高，尤其对苯丙氨酸处理。从 2019 年来看，可能由于该年在转色至成熟期的气候条件适宜酿酒葡萄品质形成，才引起处理之间呈现有规律的变化。总的来看，在转色至成熟期整个过程中，果皮苯丙氨酸变化量的综合结果为 FNAV 处理下酚类物质含量的变化提供了依据。

本试验也得出连续两个年份 FNAV 均显著提高果实中的氨基酸和酵母可同化氮含量，且高浓度的氮素处理的效果均优于低浓度氮素处理的效果，与 FNAV 处理果实中氮素积累量的变化规律基本一致。

二、小结

在低氮葡萄园，两年 FNAV 均显著增加果实中氮素积累量（尤以果皮中氮素积累量增加效果显著）和葡萄醪的酵母可同化氮含量，且高氮处理效果基本均显著优于低氮处理，其中 PT2 效果最佳。这些结果表明，FNAV 处理显著提高低氮葡萄园中果实氮素积累量和葡萄醪的酵母可同化氮含量，可为葡萄的风味物质积累及后续酒精发酵的充分进行奠定基础。在转色至成熟期，果皮苯丙氨酸含量只能间接反映其代谢情况，还需要结合其他指标来综合阐明 FNAV 对风味物质影响，因此，果皮苯丙氨酸变化量的综合结果可为 FNAV 处理下类黄酮物质含量的变化提供依据。

第四章

FNAV 对葡萄果实
品质的影响

第一节　FNAV 对葡萄果实基本理化
指标的影响

　　试验测定的葡萄果实的基础理化指标见表 4-1。双因素方差分析得出，仅可滴定酸的含量在处理间呈现差异显著水平；年份因素方差分析得出，产量、单果重和可溶性固形物含量在两年间的差异均达显著水平。与 2019 年相比，2018 年产量和单果重较高，而可溶性固形物含量却较低。在 2018 年，FNAV 处理下果实各基础理化指标较 CK 未呈现显著性差异；而在 2019 年，UT2 的可滴定酸含量明显高于其他处理，其 pH 显著低于所有叶面氮素处理的；UT1 和 PT2 的 pH 显著大于 CK 的。除果实中可滴定酸和 pH，FNAV 对这些基础理化指标无显著影响，但这些基础理化指标受年份影响较大。

表 4-1 FNAV 对成熟期果实基础理化指标的影响

年份	处理	产量 (t/hm²)	单果重 (g)	皮肉比	可溶性固形物 (°Bx)	可滴定酸 (g/L)	pH
2018	CK	5.45±0.13a	1.18±0.15a	23.90±0.82a	23.65±0.25ab	5.33±0.25ab	3.52±0.06ab
	UT1	5.26±0.22a	1.13±0.10a	23.80±0.70a	22.75±0.65b	5.33±0.15ab	3.58±0.10ab
	UT2	5.34±0.11a	1.17±0.04a	24.03±0.15a	22.83±0.76ab	5.53±0.12a	3.48±0.06b
	PT1	5.54±0.17a	1.26±0.05a	23.20±0.61a	23.33±0.21ab	5.63±0.06a	3.58±0.02ab
	PT2	5.44±0.13a	1.23±0.06a	24.27±0.25a	23.70±0.17a	5.20±0.17b	3.60±0.03a
	处理因素分析	ns	ns	ns	ns	ns	ns
2019	CK	4.85±0.15a	1.14±0.11a	24.43±1.27a	24.56±0.67a	5.00±0.28b	3.38±0.03bc
	UT1	5.19±0.47a	1.14±0.06a	24.23±2.35a	24.50±0.62a	4.93±0.23b	3.52±0.02a
	UT2	5.04±0.15a	1.12±0.08a	23.17±0.75a	24.55±0.63a	5.63±0.08a	3.36±0.02c
	PT1	4.93±0.13a	1.11±0.09a	25.07±1.99a	24.56±0.75a	4.99±0.18b	3.45±0.04ab
	PT2	4.82±0.18a	1.10±0.02a	24.82±3.17a	24.93±0.21a	4.86±0.14b	3.52±0.02a
	处理因素分析	ns	ns	ns	ns	ns	ns
	年份因素分析	***	*	ns	**	**	***
	年份×处理双因素处理	ns	ns	ns	ns	*	ns

注：ns 表示不显著 (not significant)；*、** 和 *** 分别表示在 $P<0.05$、$P<0.01$ 和 $P<0.001$ 水平达显著差异。同一年份每一列的不同字母表示不同处理间存在显著差异性。

第二节 FNAV 对葡萄果皮类黄酮含量的影响

一、FNAV 对葡萄发育过程中果皮酚类总量的影响

果皮中酚类物质总量是直接反映果实品质情况的一个重要指标（Li et al.，2019），试验测定了 2018 年和 2019 年两年果皮的酚类物质总量在转色至成熟期间的变化情况。图 4 - 1 和图 4 - 2 中（A）、（B）、（C）和（D）分别呈现了 2018 年和 2019 年果皮总酚（TPC）、总类黄酮（TFC）、总花色苷（TAC）和总黄烷-3-醇（TFOC）的含量变化情况。总的来看，两年间酚类总量在转色至成熟期间均呈先增后降的变化趋势。同一年份，FNAV 对 TPC、TFC 和 TAC 的影响基本一致。且与 CK 相比，除 2019 年的 TFOC 外，所有 FNAV 处理在转色中期至成熟期间果皮 TPC、TFC、TAC 和 TFOC 均提高了。

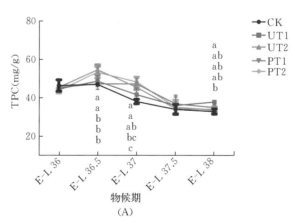

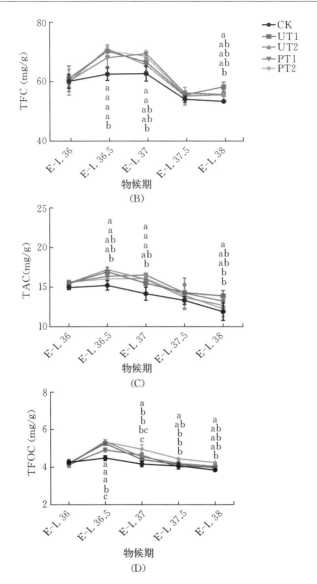

图 4 - 1 2018 年 FNAV 对葡萄发育过程中果皮总酚、总类黄酮、
总花色苷和总黄烷 - 3 - 醇的影响

在 2018 年第四次采样之前，虽 FNAV 处理较 CK 果皮 TPC、TFC、TAC 和 TFOC 提高了，但在 E-L 37.5 阶段，果皮 TPC、TFC 和 TAC 在处理之间未呈现显著差异，致使 FNAV 之前较 CK 积累的酚类物质全部降解。对 TFOC 来言，在 E-L 37.5 阶段仅 PT2 较 CK 显著增加其含量。在 E-L 38 阶段（成熟期），仅 UT1 与 CK 相比果皮 TPC、TFC 和 TAC 显著增加 15.12%、9.16% 和 16.80%，且仅 PT2 果皮 TFOC 显著增加 10.54%。

在 2019 年，FNAV 可显著增加 TPC、TFC 和 TAC。在 E-L 36.5 阶段，虽然仅 UT2 处理下的 TPC 含量显著大于 PT1、PT2 和 CK，但是对于 TFC 和 TAC 而言，基本所有 FNAV 处理均显著大于 CK。在 E-L 37 至 E-L 38 阶段，虽然 UT1 基本均使果皮中 TPC、TFC 和 TAC 显著增加，但是较其他氮素处理，UT1 处理下这些物质的含量处于最低水平。TPC、TFC 和 TAC 在转色至成熟过程中基本均在 PT2 处理下达最大值，且显著高于 CK。对果皮 TFOC 而言，FNAV 有减少其含量的趋势。在 E-L 36.5 至 E-L 37 阶段，FNAV 后，观察到基本所有氮素处理的果皮 TFOC 均显著小于 CK。随着生育期推进，氮素对果皮 TFOC 的消极影响减弱。在成熟期时，可能由于第三次 FNAV 的缘故，CK 处理果皮 TFOC 大于低浓度的氮素施用，但仅 UT1 达显著水平。总体而言，FNAV 可增加酚类物质的总量，但不同处理之间对其影响会因年份而异。

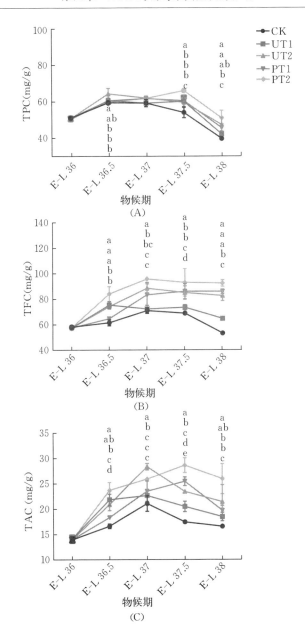

(A)

(B)

(C)

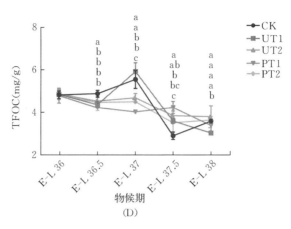

图 4 - 2 2019 年 FNAV 对葡萄发育过程中果皮总酚、总类黄酮、
总花色苷和总黄烷-3-醇的影响

二、FNAV 对成熟期葡萄果皮花色苷组分的影响

红色果皮中的花色苷组分是类黄酮的主要部分（Cheng et al.，2022；Li et al.，2019），是水溶性物质，能决定葡萄及葡萄酒的色泽（Li et al.，2019；Lingua et al.，2016）。本研究将测定的两年花色苷单体进行了双因素方差分析，具体结果见图 4 - 3。

双因素和年份单因素方差分析显示，所有花色苷单体含量、非酰化花色苷含量、酰化花色苷含量、花色苷单体总量均呈显著水平。2019 年的非酰化花色苷含量、酰化花色苷含量、花色苷单体总量均显著高于 2018 年，主要源于除矢车菊素葡萄糖苷和芍药素葡萄糖苷外的花色苷单体的贡献。虽然两年FNAV 基本均显著增加了非酰化花色苷含量、酰化花色苷含量、

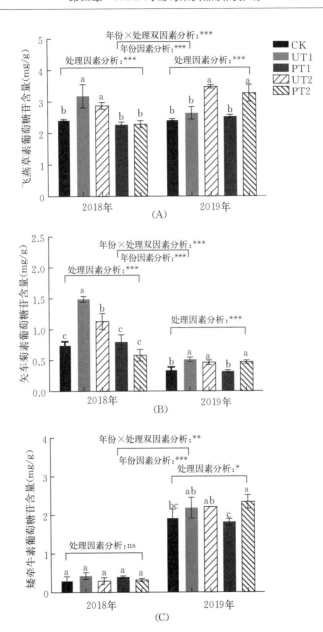

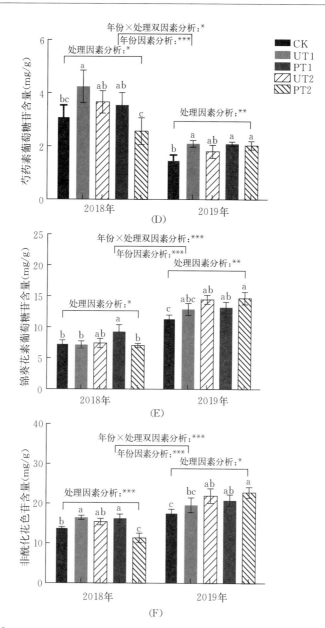

(D)

(E)

(F)

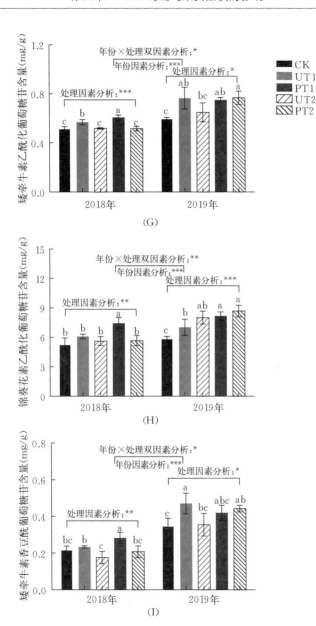

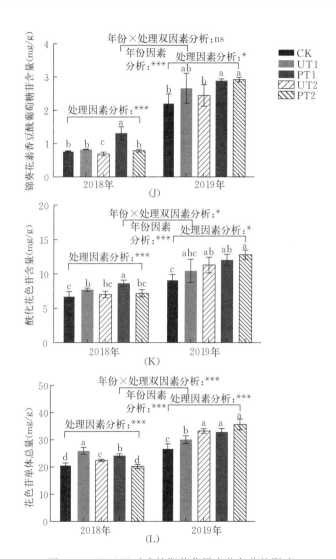

图 4-3 FNAV 对成熟期葡萄果皮花色苷的影响

注：ns 表示不显著（not significant）；*、** 和 *** 分别表示在 $P<0.05$、$P<0.01$ 和 $P<0.001$ 水平达显著差异。同一年份不同字母表示处理间存在差异性显著。

花色苷单体总量，但在不同年份，相同处理对这些指标的影响是不同的。对于非酰化花色苷含量、酰化花色苷含量、花色苷单体总量而言，在 2018 年低浓度的氮素处理显著增加其含量；而在 2019 年除 UT1 的其他氮素处理均显著增加其含量，且高浓度的氮素处理效果最好。就 2018 年单体花色苷含量具体来看，尿素处理有增加非酰化花色苷含量的趋势，而苯丙氨酸处理仅锦葵花素葡萄糖苷含量在 PT1 处理下显著增加，且显著高于其他处理。PT1 和 UT1 较其他处理增加了所有酰化花色苷单体的含量，且 PT1 的每个酰化花色苷单体含量显著高于其他所有处理，而 UT1 较 CK 仅显著增加了矮牵牛素乙酰化葡萄糖苷的含量。总的来看，这些结果与 FNAV 对花色苷总量的影响结果保持一致，但受年份影响较大。

三、FNAV 对成熟期葡萄果皮黄酮醇组分的影响

黄酮醇和花色苷结合具有固色效果，是葡萄皮中重要的紫外线保护剂（Flamini et al.，2013；Li et al.，2019）。连续两年 FNAV 处理对果皮黄酮醇组分的研究结果见图 4 - 4。氮素处理与年份的双因素分析和年份单因素方差分析显示，黄酮醇单体的总量和基本所有的黄酮醇单体含量均达显著性水平。在 2018 年，FNAV 处理显著增加了黄酮醇单体的总量，其中 UT1 和 PT2 的黄酮醇单体的总量含量最高，且显著高于其他处理。这个结果主要源于 UT1 和 PT2 基本均增加了所有单体黄酮醇的含量，除了槲皮素-葡萄糖

苷含量。而在 2019 年，虽然 FNAV 处理均增加了黄酮醇单体的总量，但仅 PT2 达显著水平；而除 PT2 外的其他氮素处理则会因为其加速了花色苷的合成，而减缓了黄酮醇的合成。一个有趣的现象是，两年的槲皮素-葡萄糖苷含量不会因 FNAV 而与 CK 产生差异。总的来看，FNAV 具有增加果皮黄酮醇的潜力，但处理之间对其影响因年份因素影响而异。

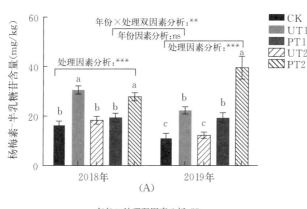

(A)

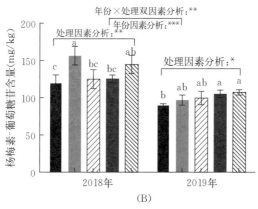

(B)

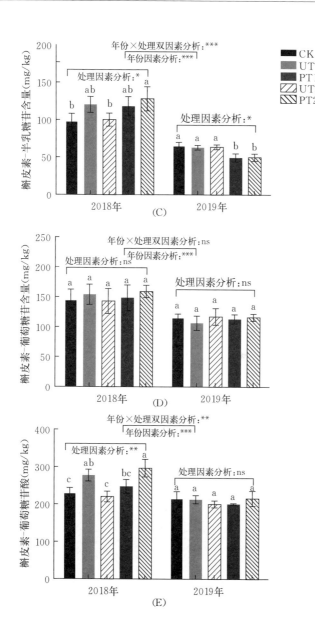

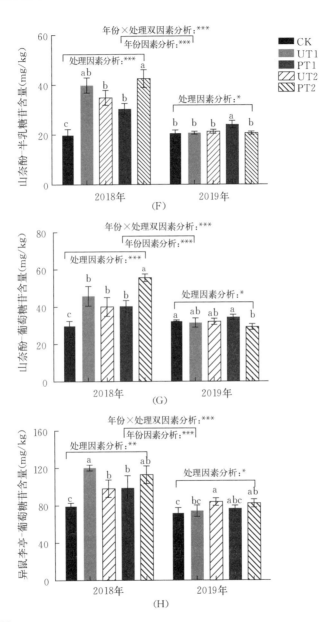

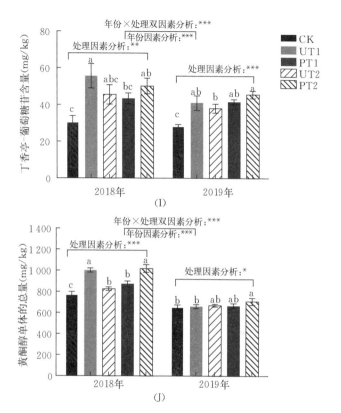

图 4－4　FNAV 对成熟期葡萄果皮黄酮醇的影响

注：ns 表示不显著（not significant）；*、** 和 *** 分别表示在 $P<0.05$、$P<0.01$ 和 $P<0.001$ 水平达显著差异。同一年份不同字母表示处理间存在差异性显著。

四、FNAV 对成熟期葡萄果皮黄烷醇组分的影响

氮素处理与年份的双因素方差分析和年份单因素方差分析显示，黄烷醇单体总量和基本所有的黄烷醇单体含量均达显著性水平，除表没食子儿茶素没食子酸酯含量。两年份间黄

烷醇单体总量差异较大，2019 年远小于 2018 年。在 2018 年，UT1 和 PT2 的黄烷醇单体总量显著高于其他处理，主要由于 PT2 处理下所有黄烷醇单体均大于 CK；UT1 处理下的基本所有黄烷醇单体均大于 CK，且较 CK，UT1 处理下原花青素 b1 含量呈显著水平。在 2019 年，低浓度氮素处理黄烷醇单体总量显著低于其他处理。总的来看，FNAV 在不同年份对黄烷醇的影响不同，并不均具有增加果皮黄烷醇的潜力。

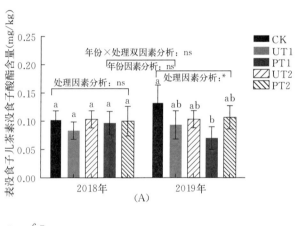

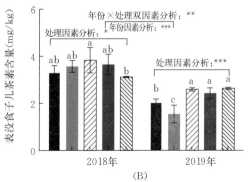

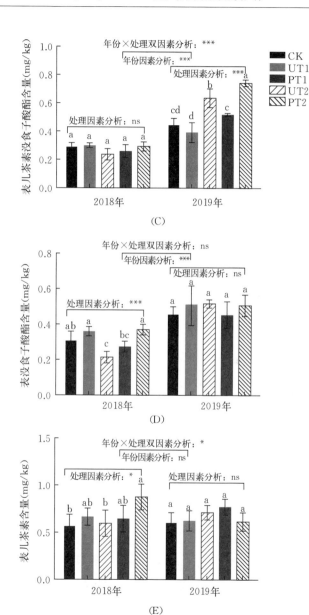

(C)

(D)

(E)

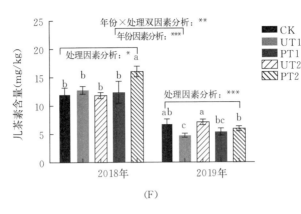

(F)

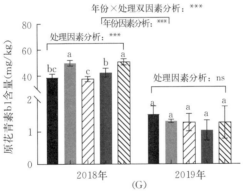

(G)

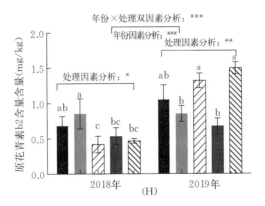

(H)

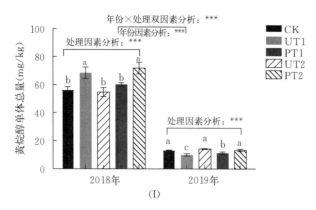

图 4-5　FNAV 对成熟期葡萄果皮黄烷醇的影响

注：ns 表示不显著（not significant）；*、**和***分别表示在 $P<0.05$、$P<0.01$ 和 $P<0.001$ 水平达显著差异。同一年份不同字母表示处理间存在差异性显著。

第三节　FNAV 对葡萄果实氨基酸及其衍生的挥发性物质含量的影响

一、FNAV 对果实挥发性物质相关氨基酸含量的影响

本研究中共检测到 9 种与果实挥发性物质相关的氨基酸，如图 4-6 所示。支链氨基酸（异亮氨酸、亮氨酸和缬氨酸）可代谢成的挥发性物质有麦芽味、果味和腐臭味；芳香族氨基酸（苯丙氨酸和酪氨酸）可分解代谢产生花香（尤其是玫瑰香味）和臭味；天冬氨酸被分解代谢产生黄油气味，甲硫氨酸可被分解代谢产生煮白菜和大蒜的味道（Ardo，2006）。从两年与果实挥发性物质相关的氨基酸总量来看，FNAV 较 CK 显著增加其

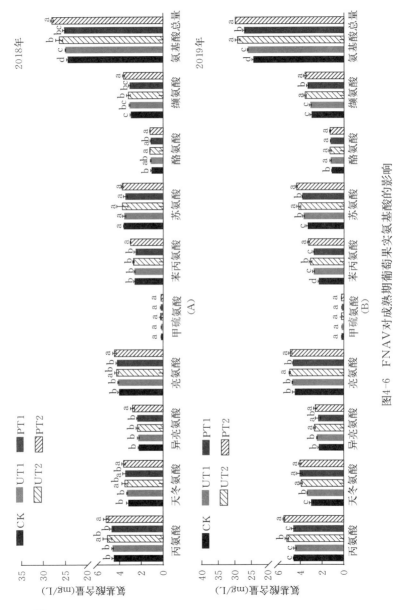

图4-6 FNAV对成熟期葡萄果实氨基酸的影响

含量，且高氮处理高于低氮处理，苯丙氨酸处理高于尿素处理，即 PT2 效果最好。从单体来看，FNAV 处理较 CK 增加大部分氨基酸单体含量，除甲硫氨酸和苏氨酸（2018）；高氮处理基本均高于低氮处理，苯丙氨酸处理也基本均高于尿素处理，且基本 PT2 较 CK 显著高于每个氨基酸单体含量，除甲硫氨酸和苏氨酸（2019）。

二、FNAV 对成熟期果实氨基酸衍生的挥发性物质的影响

两年 FNAV 对成熟期果实氨基酸衍生的挥发性物质的影响，如表 4－2 所示。共检测到 14 种挥发性物质，分成 5 个大类，芳香型成分类、支链酸类、支链醇类、支链醛类和支链酯类。其中芳香型成分类含量占比最大，约 50%。整体来看，这些挥发性物质成分呈现与果实挥发性物质相关氨基酸类似的规律，FNAV 较 CK 显著增加其含量，且高氮处理高于低氮处理，苯丙氨酸处理高于尿素处理，即 PT2 效果最好。2018 年，仅 PT2 的总挥发性物质含量显著大于 CK；2019 年除 UT1 的其他氮素处理均显著大于 CK，且 PT2 显著大于 UT2 和 PT1。对芳香型成分类而言，FNAV 处理较 CK 提高其含量，但仅苯丙氨酸处理达显著水平，贡献主要来源于 2，4－二叔丁基苯酚、苯乙烯、苯酚和苯甲醛。对支链酸类而言，不同处理间未呈显著的差异，主要由于 FNAV 较 CK 呈减少异戊酸含量的趋势。对支链醇类、支链醛类和支链酯类而言，FNAV 较 CK 均显著增加其含量，除 2019 年支链酯类未达显著水平。

表4-2 FNAV对成熟期果实氨基酸衍生的挥发性物质的影响（μg/L）

项目	2018年				
	CK	UT1	UT2	PT1	PT2
2,4-二叔丁基苯酚	16.73±0.23d	22.53±0.54c	25.67±0.13b	25.43±0.73b	27.90±0.63a
苯乙烯	5.03±0.03b	5.04±0.04b	5.01±0.02b	5.84±0.12a	5.83±0.23a
苯酚	21.90±0.04b	22.13±0.12ab	21.31±0.13c	22.39±0.08a	22.17±0.07a
苯乙酸乙酯	8.02±0.00a	8.02±0.01a	8.02±0.01a	8.02±0.01a	8.01±0.02a
苯甲醛	25.19±0.16c	26.30±0.12b	25.83±0.09c	25.10±0.13c	26.71±0.08a
苯乙酮	15.16±0.12a	15.13±0.10a	15.21±0.09a	15.15±0.11a	15.12±0.08a
苯甲酸乙酯	17.60±0.03a	17.60±0.12a	17.60±0.07a	17.60±0.10a	17.60±0.07a
3-苯基丙酸乙酯	23.89±0.23a	23.74±0.19a	23.72±0.20a	23.68±0.18a	23.67±0.22a
总芳香型成分	133.51±6.33c	142.38±4.09bc	142.38±6.23bc	143.20±1.09b	147.01±2.98a
3-甲基丙酸	5.20±0.03e	6.30±0.09d	7.60±0.03b	6.60±0.03c	8.00±0.05a
2-甲基丁酸	47.41±2.33a	47.56±3.09a	48.10±1.38a	47.97±3.22a	48.47±2.09a
异戊酸	63.35±3.39a	51.96±2.48b	53.78±1.74b	51.78±2.47b	55.40±3.03b
总支链酸	115.96±4.09a	105.78±7.37a	109.47±6.39a	106.35±5.47a	111.87±7.33a
3-甲基丁醇	4.12±0.04d	4.87±0.08c	5.82±0.04b	5.02±0.05c	6.00±0.06a

（续）

项　　目	2018 年				
	CK	UT1	UT2	PT1	PT2
总支链酸醇	4.12±0.04d	4.87±0.08c	5.82±0.04b	5.02±0.05c	6.00±0.06a
2-甲基丁醛	12.03±0.08c	13.09±0.18b	13.99±0.56ab	13.47±0.25b	14.48±0.17a
总支链醛	12.03±0.08c	13.09±0.18b	13.99±0.56ab	13.47±0.25b	14.48±0.17a
乙酸异戊酯	12.03±0.20b	12.54±0.08a	12.61±0.35a	12.50±0.23a	12.69±0.33a
总支链酸酯	12.03±0.20b	12.54±0.08a	12.61±0.35a	12.50±0.23a	12.69±0.33a
总挥发性物质	277.99±4.01b	276.78±4.34b	284.28±12.09ab	280.55±10.37ab	292.05±6.93a

项　　目	2019 年				
	CK	UT1	UT2	PT1	PT2
2,4-二叔丁基苯酚	53.06±2.03c	73.30±4.38b	76.09±5.03ab	88.05±6.09a	84.42±4.38a
苯乙烯	5.35±0.21a	5.21±0.05a	5.21±0.12a	5.19±0.06a	5.34±0.16a
苯酚	24.42±1.23a	21.49±2.07a	22.16±2.37a	20.36±3.09a	21.38±2.93a
苯乙酸乙酯	8.04±0.04b	8.02±0.05b	8.02±0.04b	8.02±0.02b	8.42±0.07a
苯甲醛	23.25±1.23ab	22.65±0.48b	23.62±1.03ab	22.91±2.09ab	24.06±0.73a
苯乙酮	15.18±0.73a	15.32±0.39a	15.32±0.53a	15.27±0.52a	16.04±0.58a

（续）

项　目	2019 年				
	CK	UT1	UT2	PT1	PT2
苯甲酸乙酯	17.65±0.56a	17.62±0.49a	17.62±0.61a	17.61±0.52a	18.49±0.33a
3-苯基丙酸乙酯	23.90±0.45a	23.70±0.55a	23.67±0.20a	23.65±0.35a	24.83±0.53a
总芳香型成分	170.84±10.02b	187.31±15.37ab	191.72±9.48ab	201.06±13.28a	202.97±16.14a
3-甲基丙酸	6.37±0.07c	7.30±0.05b	7.99±0.04a	7.40±0.08b	8.00±0.07a
2-甲基丁酸	40.32±1.39c	42.08±0.19c	43.52±1.03b	44.82±2.37b	47.06±1.92a
异戊酸	60.87±4.38a	56.57±2.09a	57.52±1.57a	55.38±2.03a	58.15±3.74a
总支链酸	107.57±4.38ab	105.96±2.38b	109.03±5.35ab	107.61±2.73ab	113.22±2.38a
3-甲基丁醇	4.42±0.03d	4.97±0.32c	5.82±0.04b	5.12±0.09c	6.40±0.04a
总支链酸醇	4.42±0.03d	4.97±0.32c	5.82±0.04b	5.12±0.09c	6.40±0.04a
2-甲基丁醛	11.04±0.43d	12.39±0.83bc	13.20±0.82b	12.39±0.52bc	14.03±0.48a
总支链醛	11.04±0.43d	12.39±0.83bc	13.20±0.82b	12.39±0.52bc	14.03±0.48a
乙酸异戊酯	13.07±1.02a	13.52±0.73a	13.37±0.30a	13.53±0.32a	14.21±1.00a
总支链酸酯	13.07±1.02a	13.52±0.73a	13.37±0.30a	13.53±0.32a	14.21±1.00a
总挥发性物质	306.94±13.28c	324.16±10.93bc	333.14±7.28b	339.71±8.02b	350.83±11.00a

第四节 讨论与小结

一、讨论

（一）FNAV 对葡萄基本理化指标、酚类总量的影响

年份对果实产量和糖分影响呈显著水平。2019 年果实产量小于 2018 年的主要原因是 2018 年花期的温度和光照条件更适宜果实开花结果，良好的结果率能保证后期果实有较高的产量（Van et al.，2006），且在转色至成熟期间，2018 年较 2019 年有更多的降水，也能在一定程度上增加果实的单果重和产量（Jones et al.，2000；Jones et al.，2012）。与 2019 年相比，2018 年可溶性固形物含量却较低，主要因为 2019 年适宜的气温、较大的日夜温差、较长的日照时间、较高的有效积温和较少的降水量更适宜果实糖分的积累（Jones et al.，2000；Jones et al.，2012）。在 2018 年和 2019 年，除可滴定酸和 pH，果实各基础理化指标在不同处理之间未呈现显著性差异，与之前相关研究结果保持一致（Perez-Alvarez et al.，2017；Portu et al.，2015a，2017；Verdenal et al.，2015），果实各基础理化指标在不同研究中呈现不同的结果，但总体来看果实中这些指标在处理间未呈显著变化。

对果皮中酚类物质总量而言，虽然其能直接反映果实品质（Li et al.，2019），但是在之前文献中未见对其报道，而对酚类单体的研究较多（Portu et al.，2015a，2017）。两年间酚类总量在转色至成熟期间均呈先增后降的变化趋势。同一年份，

FNAV 对 TPC、TFC 和 TAC 的影响基本一致。且较 CK，所有 FNAV 处理在转色中期至成熟期间均提高了果皮 TPC、TFC、TAC 和 TFOC，2019 年的 TFOC 除外。但在 2018 年 E-L 37.5 阶段，果皮 TPC、TFC 和 TAC 在处理之间未呈现显著差异，可能导致之前积累的酚类物质全部降解，主要由于在第四次采样之前的一段时间，葡萄园经历了连续 3 d 的强降水导致果皮中 TPC、TFC 和 TAC 快速降解 (Jones et al.，2000；Jones et al.，2012)。在 E-L 38 阶段（成熟期），仅 UT1 显著增加果皮 TPC、TFC 和 TAC，仅 PT2 显著增加果皮 TFOC，可能由于果皮中苯丙氨酸代谢量增加促使酚类物质含量增加 (Swain et al.，1970；Santamaría et al.，2015；Xia et al.，2021)，但是不同处理增加的酚类物质组分存在差异，可能与 2018 年多雨的气候有关，致使 PT2 显著增加果皮 TFOC 而减少对花色苷物质的积累。

在 2019 年，TPC、TFC 和 TAC 在转色至成熟过程中基本均在 PT2 处理下达最大值，且显著高于 CK，这可能与果皮中苯丙氨酸含量代谢增加有关 (Swain et al.，1970；Santamaría et al.，2015)。PT2 处理下果皮中苯丙氨酸含量处于较低水平，即果皮中苯丙氨酸代谢量在所有处理中最多，因为高浓度苯丙氨酸处理的果皮中苯丙氨酸含量本身应比其他处理高，表明在低氮葡萄园，PT2 处理果皮中增加的酚类物质是由于加快的苯丙氨酸代谢引起的。在 E-L 36.5 阶段，虽然仅 UT2 处理下的 TPC 含量显著大于苯丙氨酸处理和 CK，但是对于 TFC 和 TAC 而言，基本所有 FNAV 处理均显著大于 CK，表明 FNAV 处理下果皮中增加的 TPC，主要来源于增加的类黄酮含量，尤其是花色苷含量。在 E-L 37 至 E-L 38 阶段，虽然 UT1 基本均显著增加果皮中 TPC、TFC 和 TAC，但是较其他氮素处理，UT1 处理下这些物质的含量处于最低水平，可能由于其不仅氮素浓度低而且不是苯丙氨酸类型的叶面肥，导致其对果皮苯丙氨酸积累贡献小，则随之较少的苯丙氨酸代谢量对酚类物质的合成量较其他氮素处理也较少。对果皮总黄烷-3-醇来言，FNAV 对其影响在两年间表现是不相同的，表明气候对其影响显著。

（二）FNAV 对葡萄类黄酮组分的影响

红色果皮中的花色苷组分是类黄酮物质的主要组成成分（Flamini et al.，2013；Li et al.，2019），决定着葡萄和葡萄酒的色泽（Tohge et al.，2017；Li et al.，2019）。双因素和年份单因素方差分析显示，基本所有花色苷单体含量、非酰化花色苷含量、酰化花色苷含量、花色苷单体总量均呈显著水平。但是，相关的研究证明不同叶面施氮对花色苷单体总量和非酰化花色苷含量没有显著影响（Portu et al.，2017），主要原因可能是这些研究只在转色早期施用氮素，随后叶面施氮对葡萄的影响随着时间的推移尤其是随着成熟的临近而逐渐消失（Matus et al.，2009；Martínez-Lüscher et al.，2017）。在当前的研究中，FNAV 较之前相关研究增加了一次成熟期前的叶面氮素补充，可能削弱了由于时间延长对花色苷增加受限的影响，然后较 CK 显著增加花色苷的含量。虽然两年 FNAV 均显著增加非酰化花色苷含量、酰化花色苷含量、花色苷单体总量，但在不同年份，相同处理对这些指标的影响是不同的，主要原因是两年气候差异较大。

对非酰化花色苷含量、酰化花色苷含量、花色苷单体总量而言，在2018年低浓度的氮素处理可使其增加，其中UT1的非酰化花色苷浓度在所有处理中最高，而UT1的酰化花色苷的浓度明显高于CK和UT2，这与之前的研究结果相反（Portu et al.，2015a，2017）。得出这些重要结果的原因可能是：①FNAV可能在葡萄发育的最后阶段阻止葡萄中的花色苷降解超过其生物合成，并最终改善花色苷的积累；②低氮FNAV可能会增加ABA的积累和PAL酶的活性（Ferrero et al.，2018），并促进*VvMybA1*基因表达，在花色苷合成和修饰的后期充当正向调节剂，并产生更多的酰化花色苷（Ferrandino et al.，2012；Rinaldo et al.，2015）。PT1处理的酰化花色苷含量显著高于其他所有处理，表明PT1较其他处理更能提高酰化花色苷的含量，增加葡萄酒色泽的稳定性（Flamini et al.，2013；Li et al.，2019）。这与Portu等人的观点一致（2017），并较其他处理呈显著性差异，这可能是因为从转色到成熟前期的氮素施用比仅在转色早期氮素施用对酰化花色苷的影响更大。PT2导致葡萄的花色苷单体总量和非酰化花色苷含量低于CK，这与相关研究（Portu et al.，2015a，2017）结果不同，可以通过氮的施用降低UFGT的酶活性来解释（Rinaldo et al.，2015），然后更多的苯丙氨酸将被用于类黄酮途径中黄酮醇和黄烷醇合成。在2019年除UT1的其他氮素处理均显著增加其含量，且高浓度的氮素处理效果最高。

这些结果与 FNAV 对花色苷总量的结果保持一致，同样可能由于 UT1 不仅氮素浓度低而且不是苯丙氨酸类型的叶面肥，导致其对果皮苯丙氨酸积累贡献小，则随之较少的苯丙氨酸代谢量对酚类物质的合成量较其他氮素处理也较少。除 UT1 的其他氮素处理对这些指标含量的影响也与果皮苯丙氨酸变化量有关，苯丙氨酸的代谢量增加，内源性 ABA 含量以及其调节的有利于花色苷合成的相关基因（*VvPAL*、*VvCHS*、*VvF3H* 和 *VvUFGT*）的表达也增加（Ferrero et al.，2018；Koyama et al.，2018；Neto et al.，2017），进而促进花色苷物质的合成。

黄酮醇是葡萄皮中重要的紫外线保护剂，黄烷醇能增加葡萄酒的陈年潜力，两者对葡萄和葡萄酒品质均有重要作用（Flamini et al.，2013；Li et al.，2019）。对于黄酮醇的成分，杨梅素和槲皮素的衍生物是影响黄酮醇变化的主要形式，这与先前对丹魄葡萄的研究结果一致（Diago et al.，2012；Portu et al.，2015a，2017）。整体来看，2019 年黄酮醇单体含量基本均小于 2018 年，主要因气候原因导致。由于黄酮醇与花色苷是同一条合成途径，2019 年适宜的气候加速了花色苷的合成，而减缓了黄酮醇的合成。在 2018 年，FNAV 处理显著增加了黄酮醇单体的总量，其中 UT1 和 PT2 的黄酮醇单体的总量最大，且显著高于其他处理。这个结果主要源于 UT1 和 PT2 基本均增加了所有单体黄酮醇的含量，除了槲皮素-葡萄糖苷含量。而在 2019 年，虽然 FNAV 处理均增加了黄酮醇单体的总量，但仅 PT2 达显著水平。两年的 PT2 处理由于其增加的果皮苯丙氨酸代谢含量最多，在一定程度上，其对果皮苯丙氨酸的代谢也会加快，对酚类物质合成有积极作用（Swain et al.，1970；Santamaría et al.，2015）。在 2018 年，PT2 的花色苷含量较 CK 无差异可能主要由于其加速了黄酮醇的合成，而减缓了花色苷的合成（Li et al.，2019）。在 2019 年，除 PT2 的其他氮素处理则会因为其加速了花色苷的合成，而减缓了黄酮醇的合成。一个有趣的现象是，两年的槲皮素-葡萄糖苷含量不会因 FNAV 施用而与 CK 产生差异，表明其不因 FNAV 而改变，这与 Portu 等（2017）的研究结果一致。对黄烷醇而言，原花青素 b1 是含量最高的黄烷醇，其次是儿茶素，该结果与 Gómez-Alonso 等（2007）和 Portu 等（2017）的研究不一致，差异主要是由来自不同品种和地区的葡萄导致，这与宁夏赤霞珠葡萄的研究结果相同（Shi et al.，2018）。两年间黄烷醇单体总量差异较大，2019 年远小于 2018 年，主要由于 2018 年原花青素 b1 含量占黄烷醇单体总量的比重较大（约 2/3），且是 2019 年的 40～50 倍。在 2018 年，UT1 和 PT2 的黄烷醇单体总量显著高于其他处理，主要由于 PT2 处理下的除原花青素 b2 含量的其他所有黄烷醇单体含量均显著大于 CK；UT1 处理下的基本所有黄烷醇单体含量均大于 CK，但仅对原花青素 b1 含量的影响较 CK 呈显著水平。在 2019 年，低浓度氮素处理黄烷醇单体总量显著低于其他处理，主要由于低浓度氮素处理下儿茶素和原花青素 b2 的含量显著低于其他处理，且儿茶素含量占黄烷醇单体总量的比重较大的缘故。总的来看，FNAV 在不同年份对非花色苷类黄酮的影响不同，并不均具有增加的潜力。

（三）FNAV 对葡萄果实氨基酸及其衍生的挥发性物质含量的影响

本研究中共检测到 9 种与果实挥发性物质相关的氨基酸，从两年与果实挥发性物质相关的氨基酸总量来看，FNAV 较 CK 显著增加其含量，且高氮处理高于低氮处理，苯丙氨酸处理高于尿素处理，即 PT2 效果最好。与之前研究结果一致，在不同研究地点、品种和年份的低氮葡萄园中均得出，FNAV 对氨基酸含量都有积极影响（Garde-Cerdán et al.，2017；Gutiérrez-Gamboa et al.，2017；Lasa et al.，2012；Hannam et al.，2015）。但也有研究得出，FNAV 对氨基酸含量无影响甚至减少其含量（Garde-Cerdán et al.，2017；Portu et al.，2014），主要因为对于氮需求低的葡萄植株，氮素的继续施用可能会破坏葡萄植株生长的平衡，不仅不能增加氨基酸含量，而且会使得葡萄植株过度生长（Bell et al.，2005）。

对氨基酸衍生的挥发性物质成分而言，其呈现与果实挥发性物质相关氨基酸类似的规律，FNAV 较 CK 显著增加其含量，且高氮处理高于低氮处理，苯丙氨酸处理高于尿素处理，即 PT2 效果最好。在赤霞珠葡萄中，由于本身与果实香气相关的氨基酸较少缘故，即使 FNAV 进行氮素少量补充，氨基酸代谢挥发性物质也没有增加特别多。在 2018 年，仅 PT2 的总挥发性物质含量显著大于 CK；2019 年除 UT1 的其他氮素处理均显著大于 CK，且 PT2 显著大于 UT2 和 PT1。可能由于 2019 年更适宜氮素的吸收，致使更多的氨基酸转化为挥发性物质，最终效果优于 2018 年。对芳香型成分而言，FNAV 处理较 CK 提高其含量，但仅苯丙氨酸处理达显著水平，贡献主要来源于 2,4-二叔丁基苯酚、苯乙烯、苯酚和苯甲醛，可能是因为苯丙氨酸处理引起果实中更多的苯丙氨酸进行代谢，从而合成这些芳香型物质（Ardo，2006）。对支链酸类而言，不同处理之间无显著差异，主要由于 FNAV 较 CK 呈减少异戊酸含量的趋势，可能由于 FNAV 处理下亮氨酸代谢合成异戊酸减少的缘故。即使 FNAV 增加其他支链酸类物质，由于其占支链酸类总量的比重较大，最终致使不同处理之间无显著差异。

二、小结

在低氮葡萄园，转色期叶面供氮（FNAV）显著提高果实氮素积累量（尤其是果皮）和酵母可同化氮含量，并促进果皮中苯丙氨酸物质代谢。年份对果实基础理化指标、酚类和挥发性物质及色泽基本上均产生显著影响。除 2019 年 UT2 显著增加果实可滴定酸含量外，FNAV 对基础理化指标无显著影响。除 2019 年的总黄烷-3-醇含量外，两年 FNAV 均提高了成熟期果皮总酚、总类黄酮、总花色苷和总黄烷-3-醇含量，其中 UT1 和 PT2 分别在 2018 年和 2019 年效果最优。同时，FNAV 增加了果皮非酰化、酰化花色苷单体和黄酮醇单体的含量；处理之间对总黄烷醇单体的影响因年份而异。FNAV 能改善果皮色泽（尤其是颜色深度、饱和度和色调），与提高的非酰化花色苷含量、酰化花色苷含量、花色苷单体总量关系密切，2019 年效果优于 2018 年。FNAV 因增加与挥发性物质相关的氨基酸含量而提高挥发性物质含量，芳香型成分占比最大。总之，2019 年果实品质优于 2018 年，在 2019 年高氮处理效果优于低氮处理，苯丙氨酸处理效果优于尿素处理，PT2效果最佳。

第五章

FNAV 对葡萄酒品质的影响

第一节　FNAV 对葡萄酒基本理化指标的影响

葡萄酒基本理化指标见表 5 - 1。两年酒样中残糖、可滴定酸、干浸出物、酒精度和挥发酸含量均符合《绿色食品　葡萄酒》(NY/T 274—2014)，表明本试验酿造操作得当，符合质量标准，可进行后续试验分析。两年之间相比，2018 年葡萄酒残糖较 2019 年低，2018 年葡萄酒可滴定酸较 2019 年高。除 2019 年干浸出物，所有氮素处理的葡萄酒基本理化指标较 CK 均未呈现显著性差异。

表 5 - 1　FNAV 对葡萄酒基础理化指标的影响

年份	处理	残糖 (g/L)	可滴定酸 (g/L)	干浸出物 (g/L)	酒精度 (%)	挥发酸 (g/L)
2018	CK	2.04±0.25a	5.61±0.30a	23.25±0.61ab	13.60±0.23ab	0.20±0.00a
	UT1	2.22±0.25a	5.95±0.27a	24.30±1.57a	13.42±0.13b	0.20±0.01a
	UT2	2.19±0.24a	5.84±0.32a	22.04±0.70b	13.80±0.12a	0.20±0.00a
	PT1	2.24±0.38a	5.66±0.09a	21.86±0.70b	13.74±0.17ab	0.21±0.01a
	PT2	2.25±0.23a	5.70±0.12a	22.30±1.22b	13.45±0.18b	0.20±0.01a

（续）

年份	处理	残糖 （g/L）	可滴定酸 （g/L）	干浸出物 （g/L）	酒精度 （%）	挥发酸 （g/L）
	CK	2.50±0.35a	5.43±0.20a	23.43±0.68a	13.53±0.36a	0.22±0.02a
	UT1	2.70±0.09a	5.31±0.03a	22.13±0.68b	13.82±0.23a	0.21±0.02a
2019	UT2	2.61±0.09a	5.60±0.25a	22.70±0.70ab	14.03±0.35a	0.23±0.02a
	PT1	2.83±0.37a	5.51±0.28a	23.20±0.70ab	14.22±0.38a	0.24±0.03a
	PT2	2.87±0.19a	5.56±0.26a	23.50±0.50a	14.00±0.43a	0.24±0.01a

注：同一年份每一列的不同字母表示处理间存在差异性显著。

第二节　FNAV 对葡萄酒类黄酮含量的影响

一、FNAV 对葡萄酒酚类总量的影响

两年 FNAV 对葡萄酒中 TPC、TFC、TAC 和 TFOC 的影响，如图 5-1 所示。整体来看，除 2019 年葡萄酒 TFOC 显著低于 2018 年，葡萄酒 TPC（$P<0.05$）、TFC、TAC（$P<0.05$）含量在 2019 年均大于 2018 年。对葡萄酒 TPC、TFC 和 TAC 而言，所有 FNAV 处理基本均大于 CK。在 2018 年，PT1 和 PT2 的葡萄酒 TPC、TFC 和 TAC 在所有处理中处于最高水平，且较 CK 达显著水平。在 2019 年，所有 FNAV 处理也均大于 CK，且 UT2 和 PT2 葡萄酒中 TPC、TFC 和 TAC 最高，而在 2018 年和 2019 两年间，FNAV 处理下葡萄酒 TFOC 较 CK 未达显著水平。根据两年试验结果得出，FNAV 可提高葡萄酒中总酚、总类黄酮和总花色苷含量，但对总黄烷-3-醇含量无显著影响。

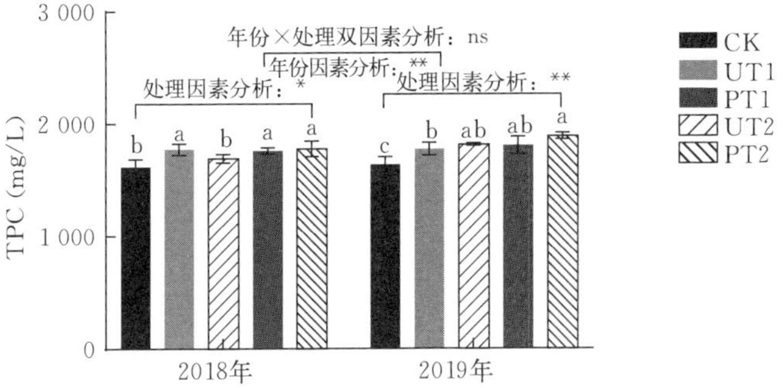
年份×处理双因素分析：ns
年份因素分析：**
处理因素分析：*
处理因素分析：**
TPC（mg/L）
3 000
2 000
1 000
0
2018年
2019年
CK
UT1
PT1
UT2
PT2

(A)

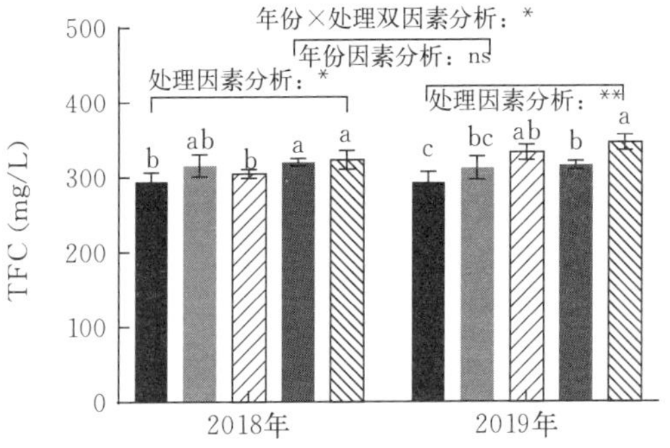
年份×处理双因素分析：*
年份因素分析：ns
处理因素分析：*
处理因素分析：**
TFC（mg/L）
500
400
300
200
100
0
2018年
2019年

(B)

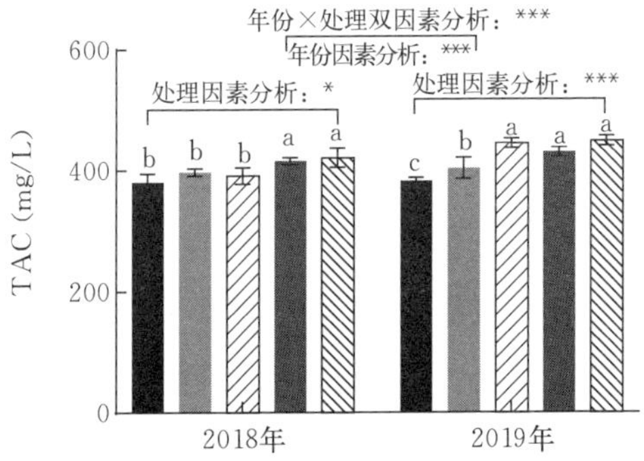
年份×处理双因素分析：***
年份因素分析：***
处理因素分析：*
处理因素分析：***
TAC（mg/L）
600
400
200
0
2018年
2019年

(C)

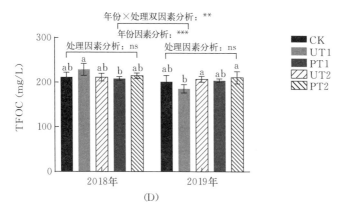

图 5-1　FNAV 对葡萄酒中总酚、总类黄酮、总花色苷和
总黄烷-3-醇的影响

注：ns 表示不显著（not significant）；*、** 和 *** 分别表示在 $P < 0.05$、$P < 0.01$ 和 $P < 0.001$ 水平达显著差异。同一年份不同字母表示处理间存在差异性显著。

二、FNAV 对葡萄酒花色苷组分的影响

图 5-2 呈现了两年 FNAV 对葡萄酒中单体花色苷的影响。整体上看，2019 年基本每个花色苷单体含量、非酰化花色苷含量、酰化花色苷含量、花色苷单体总量均显著高于 2018 年。对非酰化花色苷含量和花色苷单体总量而言，在 2018 年苯丙氨酸处理下的非酰化花色苷含量和花色苷单体总量含量显著高于其他所有处理；在 2019 年所有处理下的非酰化花色苷含量和花色苷单体总量含量均显著高于 CK，其中高氮素处理的花色苷单体总量在所有处理中呈最高水平，且显著高于其他所有处理。花色苷单体总量结果与葡萄酒 TAC 结果基本呈一致的变化趋势（图 5-1C）。对酰化花色苷含量而言，

在 2018 年苯丙氨酸处理的酰化花色苷含量均显著大于 CK；在 2019 年所有氮素处理的酰化花色苷含量均大于 CK 和苯丙氨酸处理，其中尿素处理的酰化花色苷含量显著高于其他所有处理。总之苯丙氨酸处理具有增加葡萄酒中花色苷积累量的能力，其中 PT1 对从葡萄到葡萄酒中花色苷的积累均作出了巨大贡献。整体来看，FNAV 有利于花色苷单体物质的积累，但因不同处理和年份而异，其中 PT2 在两年均呈现较好的效果。

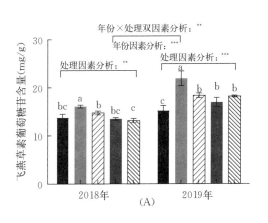

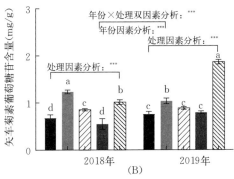

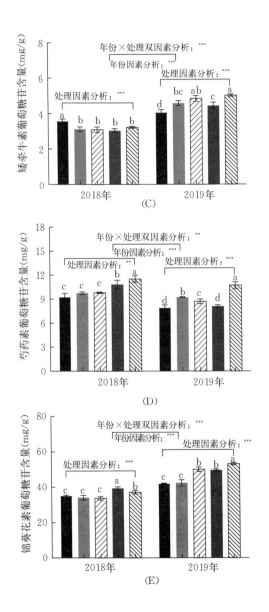

(C)

(D)

(E)

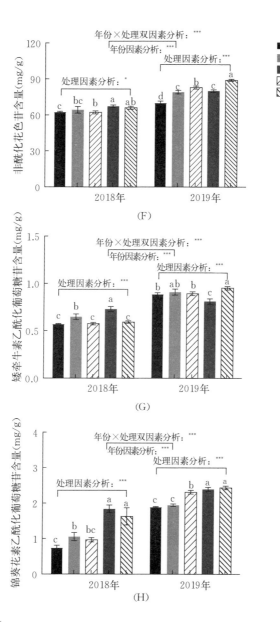

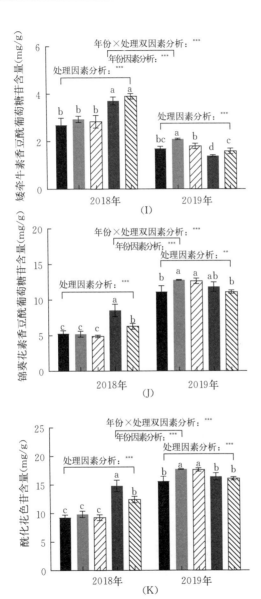

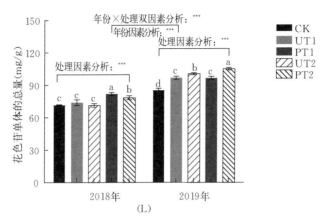

图 5 - 2　FNAV 对葡萄酒中单体花色苷的影响

注：ns 表示不显著（not significant）；*、** 和 *** 分别表示在 $P<0.05$、$P<0.01$ 和 $P<0.001$ 水平达显著差异。同一年份不同字母表示处理间存在差异性显著。

三、FNAV 对葡萄酒黄酮醇和黄烷醇组分的影响

图 5 - 3 呈现了两年 FNAV 对葡萄酒中黄酮醇单体物质的影响。两年 FNAV 的黄酮醇单体的总量高于 CK，且 2018 年

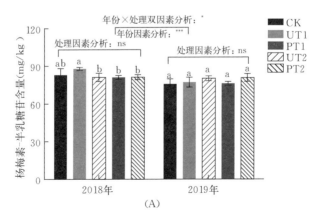

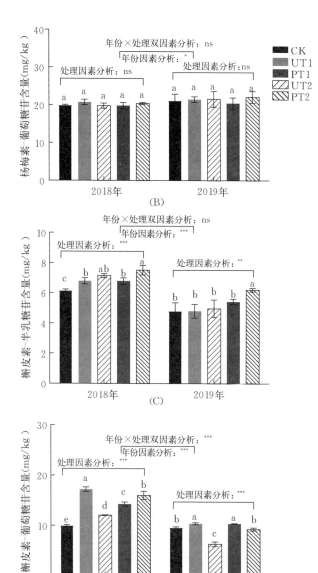

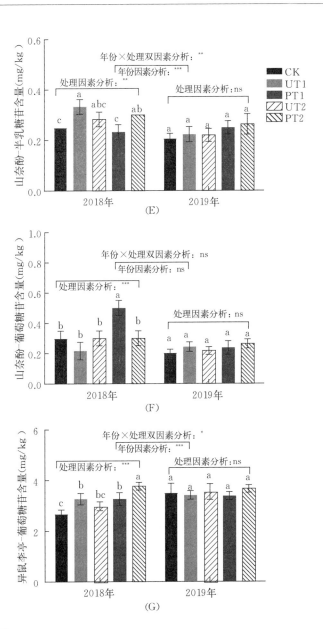

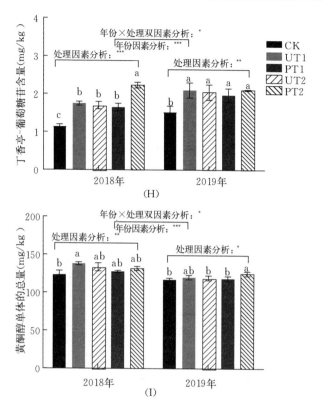

图 5-3　FNAV 对葡萄酒中单体黄酮醇的影响

注：ns 表示不显著（not significant）；*、**和***分别表示在 $P<0.05$、$P<0.01$ 和 $P<0.001$ 水平达显著差异。同一年份不同字母表示处理间存在差异性显著。

黄酮醇单体的总量较 2019 年显著增加。在 2019 年，FNAV 仅显著影响槲皮素-半乳糖苷含量、槲皮素-葡萄糖苷含量、丁香亭-葡萄糖苷含量。但总体来看，两年 FNAV 对葡萄和葡萄酒中的黄酮醇单体的总量的影响是基本一致的。结合两年试验结果得出，PT2 最有潜力对葡萄和葡萄酒中黄酮醇组分起重要作用。

图 5-4 整理了两年 FNAV 对葡萄酒中黄酮醇单体物质的影响。2018 年黄烷醇单体总量较 2019 年显著增加，主要由于表儿茶素没食子酸酯含量、儿茶素含量、原花青素 b1 含量、原花青素 b2 含量的贡献。在 2018 年，FNAV 处理下的黄烷醇单体总量较对照无显著差异；而在 2019 年，所有氮素处理均减少了黄烷醇单体总量，且尤以低浓度氮素处理的黄烷醇单体总量最少且显著低于其他处理，主要是低浓度氮素处理的表儿茶素没食子酸酯含量、表没食子酸含量、儿茶素含量、原花青素 b1 含量、原花青素 b2 含量较其他处理显著减少的缘故。整体来看，FNAV 不具有增加葡萄酒中黄酮醇单体物质积累的趋势。

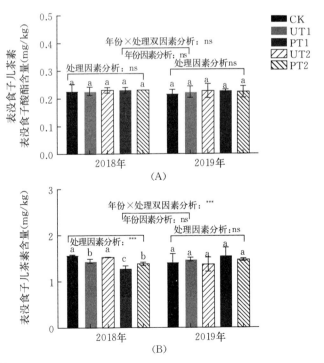

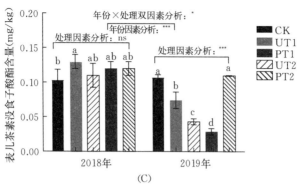

(C)

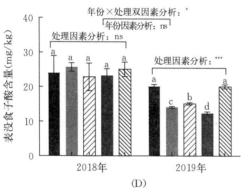

(D)

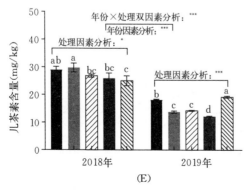

(E)

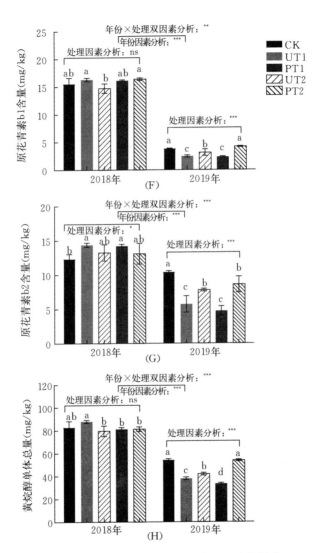

图 5-4　FNAV 对葡萄酒中单体黄烷醇的影响

注：ns 表示不显著（not significant）；*、** 和 *** 分别表示在 $P<0.05$、$P<0.01$ 和 $P<0.001$ 水平达显著差异。同一年份不同字母表示处理间存在差异性显著。

第三节 FNAV 对葡萄酒色泽的影响

一、FNAV 对葡萄酒色泽定量分析

在本研究中，采用 L^*、a^*、b^*、C^* 和 $h^°$ 对两年间 FNAV 处理下葡萄酒色泽的变化进行客观评估，如表 5-2 所示。双因素方差分析显示，L^*、a^* 和 C^* 呈显著水平；年份单因素分析显示，所有色泽指标在两年份间均呈显著水平。在 2018 年和 2019 两年，与 CK 相比，氮素处理减小了葡萄酒的 L^* 和 b^*，增大了葡萄酒的 a^*、C^* 和 $h^°$。两年间葡萄酒色度、色调对比可得出，2019 年葡萄酒 L^* 和 b^* 整体低于 2018 年，而葡萄酒 a^*、C^* 和 $h^°$ 整体高于 2018 年。

表 5-2 葡萄酒的色泽指标

年份	处理	亮度 (L^*)	红色/绿色 (a^*)	蓝色/黄色 (b^*)	饱和度 (C^*)	色调角 ($h^°$)
	CK	84.94±3.34a	31.28±3.73b	−0.43±0.02a	31.28±1.34c	0.08±0.01b
	UT1	83.54±2.03a	34.63±1.23b	−0.36±0.03a	37.46±1.83b	0.09±0.01b
2018	UT2	83.06±2.73a	34.45±2.40ab	−0.33±0.05a	35.46±0.48b	0.08±0.01ab
	PT1	80.91±1.20ab	40.21±3.87a	−0.53±0.04b	40.22±2.10a	0.11±0.01a
	PT2	78.23±1.43b	41.70±2.14a	−0.50±0.03b	41.72±3.20a	0.12±0.01a
	CK	75.68±2.52a	40.53±2.33b	−6.39±0.24a	41.03±0.20c	0.16±0.01a
	UT1	73.67±1.21a	41.38±1.43b	−6.80±0.52ab	43.93±1.06b	0.16±0.01a
2019	UT2	71.34±2.00b	46.23±2.83a	−6.96±0.37b	46.75±1.96ab	0.15±0.01a
	PT1	73.97±2.13a	41.72±1.05b	−7.19±0.47b	43.33±1.48b	0.17±0.02a
	PT2	69.27±3.22b	49.03±3.29a	−8.23±0.93b	49.72±4.00a	0.17±0.02a

（续）

年份 处理	亮度 (L^*)	红色/绿色 (a^*)	蓝色/黄色 (b^*)	饱和度 (C^*)	色调角 ($h°$)
年份 单因素分析	***	*	***	*	***
年份×处理 双因素分析	**	**	ns	*	ns

注：ns 表示不显著（not significant）；*、** 和 *** 分别表示在 $P<0.05$、$P<0.01$ 和 $P<0.001$ 水平达显著差异。同一年份每一列的不同字母表示处理间存在差异性显著。

在 2018 年，与 CK 相比，所有氮素处理的 L^* 均减小，但仅 PT2 达显著水平；所有氮素处理的 C^*（$P<0.05$）、a^* 和 $h°$ 均增加，但仅苯丙氨酸处理的 a^* 和 $h°$ 较 CK 达显著水平；苯丙氨酸处理的 b^* 较其他处理显著减少。在 2019 年，所有氮素处理较 CK 减少了葡萄酒 L^*，但仅高浓度的氮素处理达显著水平；所有氮素处理的 C^*（$P<0.05$）、a^* 和 $h°$ 较 CK 均增加，高浓度的氮素处理 a^* 达显著水平；所有氮素处理较 CK 减少了葡萄酒 b^*，除 UT1 外的其他氮素处理均达显著水平。整体来看，虽然葡萄酒色泽因年份而异，但在两年间 FNAV 均增加了葡萄酒颜色深度、饱和度和色调角，尤以 PT2 效果显著；在 2019 年适宜气候下，高氮处理优于低氮处理，苯丙氨酸处理优于尿素处理。

二、葡萄酒花色苷与颜色指标的相关性分析

图 5-5 呈现了两年葡萄酒花色苷与色泽指标的相关性分析。

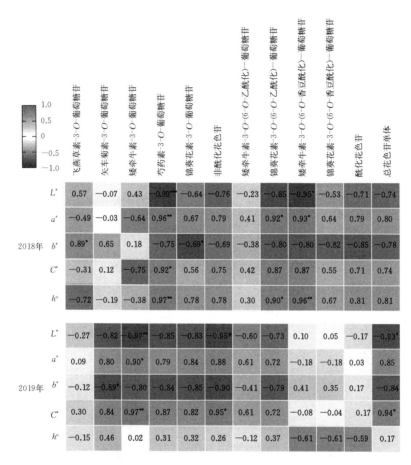

图 5-5 葡萄酒花色苷与色泽指标的相关性分析

注：L^* 表示亮度；a^* 表示红色/绿色；b^* 表示蓝色/黄色；C^* 表示饱和度；h^o 表示色调角；红、蓝色分别表示正、负相关的关系，颜色越深相关性越强；方格中数字为相关性系数，*、** 和 *** 分别表示在 $P<0.05$、$P<0.01$ 和 $P<0.001$ 水平达显著差异。

从两年相关性分析图中可见，L^* 和 b^* 与花色苷的含量之间展示出负相关的关系，而 a^*、C^* 和 h^o 与花色苷的含量呈正相关性。在 2018 年，葡萄酒非酰化花色苷、酰化花色苷、总花色苷单体与颜色指标的相关性分析未呈显著性水平，但芍药素-3-O-葡萄糖苷与 L^*、a^*、C^* 和 $h^°$ 呈显著性相关；矮牵牛素-3-O-（6-O-香豆酰化)-葡萄糖苷与 L^*、a^* 和 $h^°$ 呈显著性相关。在 2019 年，葡萄酒非酰化花色苷和总花色苷单体与 L^*、b^* 和 C^* 的相关性分析呈显著性水平。总的来看，两年葡萄酒非酰化花色苷、酰化花色苷、总花色苷单体与色泽指标的相关性并未总呈现显著的水平，会因年份而异。

三、葡萄酒色泽图与 CIELab 特征图

2018 年和 2019 年两年葡萄酒真实拍照图与其 CIELab 特征图如图 5-6 所示，葡萄酒真实色泽图与 CIELab 特征图对颜色的表征结果是基本一致的。整体上观察得出，2019 年的

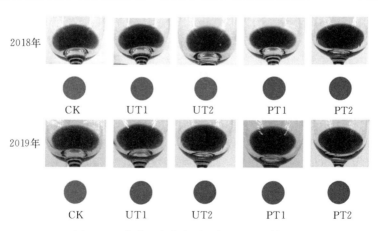

图 5-6　葡萄酒真实色泽图与 CIELab 特征图

葡萄酒比 2018 年颜色更深、更红和更蓝。且在两年 FNAV 处理下葡萄酒颜色较 CK 均更深、更红。在 2018 年，苯丙氨酸处理葡萄酒的红色色调高于其他处理，PT2 的颜色深度优于 PT1，UT1 的颜色深度高于 UT2，最终 PT2 的效果最好。2019 年高浓度氮处理葡萄酒的颜色深度高于其他处理，苯丙氨酸处理葡萄酒的红色色调和蓝色色调高于其他处理，同样 PT2 的效果最好。这些结果真实客观地呈现出 FNAV 能显著改善葡萄酒颜色色度、色调，PT2 效果在两年均表现最佳。

第四节　FNAV 对葡萄酒中氨基酸衍生的挥发性物质的影响

　　两年 FNAV 对葡萄酒中氨基酸衍生的挥发性物质的影响，如表 5-3 所示。共检测到 12 种挥发性物质，分成 4 个大类，芳香型成分类、支链醇类、支链酸类和支链酯类。整体来看，FNAV 较 CK 均显著增加挥发性物质的总量，在 2019 年香气含量排序如下：PT2＞PT1＞UT2＞UT1＞CK，处理间差异达显著水平，且两年试验 PT2 效果均最为显著。对 4 个挥发性物质分类的总量而言，FNAV 较 CK 均增加其含量，且基本上 PT2 都呈现最佳的效果。在芳香型成分分类中，含量排序如下：PT2＞PT1＞UT2＞UT1＞CK。其中 FNAV 可增加葡萄酒中含有玫瑰香气的 2-苯乙醇和 2-苯乙醛含量，除 UT1 外的其他氮素处理较 CK 均呈

表 5-3 FNAV 对葡萄酒中氨基酸衍生的挥发性物质的影响（μg/L）

项　目	2018年				
	CK	UT1	UT2	PT1	PT2
苯甲醇	370.71±9.34b	385.45±12.03ab	396.43±13.20a	381.03±11.28ab	391.99±9.32a
2-苯乙醇	36 140.11±929.30d	38 647.30±1 289.23c	40 381.09±1 773.23c	44 840.72±399.30b	48 306.69±620.34a
2-苯乙醛	2 736.09±28.07b	2 748.34±39.45b	2 833.32±33.94a	2 778.34±25.34b	2 876.30±29.04a
苯乙烯	4 435.20±26.34c	4 536.42±56.03b	4 565.33±77.39b	4 635.30±79.38ab	4 736.09±59.49a
2,5-二叔丁基苯酚	253.32±8.38b	253.40±12.93ab	259.34±13.09ab	263.02±8.48ab	273.30±12.02a
苯酚	5.32±0.04b	5.37±0.12ab	5.54±0.09a	5.43±0.07ab	5.53±0.05a
苯乙酸乙酯	534.84±12.39b	549.30±16.03ab	553.64±9.03ab	543.09±8.39ab	561.03±10.23a
3,5-二叔丁基-4-羟基苯甲醛	375.48±6.39b	388.93±10.38ab	390.54±9.39ab	388.49±12.03ab	402.34±15.35a
总芳香型成分	44 851.08±134.09d	50 964.51±2 263.93c	49 385.23±263.00c	53 835.42±444.32b	57 553.27±263.93a
3-甲基丁醇	243 569.24±1 342.32d	263 847.38±2 630.32b	267 736.40±333.21b	254 756.34±1 240.3c	283 746.37±4 982.39a
异戊醇	50 678.35±2 353.24b	49 091.78±273.40b	36 807.47±673.49c	50 318.88±3 356.40b	58 883.69±782.09a
总支链醇	294 247.59±2 534.22d	312 939.16±2 736.03b	304 543.87±635.23c	305 075.22±763.02c	342 630.06±2 555.28a

（续）

项　目	CK	UT1	UT2	PT1	PT2
2018 年					
3-甲基丁酸	236.32±34.30a	246.03±21.33a	251.23±18.39a	250.32±36.47a	256.34±45.32a
总支链酸	236.32±34.30a	246.03±21.33a	251.23±18.39a	250.32±36.47a	256.34±45.32a
乙酸异戊酯	425.75±29.30c	470.29±36.93b	564.60±28.34a	439.18±33.40b	440.10±10.23bc
总支链酯	425.75±29.30b	470.29±36.93b	564.60±28.34a	439.18±33.40b	440.10±10.23b
总挥发性成分	339 760.74±2 734.30c	361 169.99±3 642.09b	354 744.93±5 553.83b	359 600.13±2 093.48b	400 879.76±2 839.36a
2019 年					
苯甲醇	347.06±23.09b	351.23±17.39b	352.82±16.38b	368.84±8.39b	716.95±33.43a
2-苯乙醇	56 121.72±89.32d	56 795.18±735.43d	58 945.33±793.20c	73 786.47±374.07b	110 979.10±2 736.49a
2-苯乙醛	3 746.32±23.03c	3 791.28±37.49bc	3 874.65±78.34b	3 809.43±56.39b	4 092.38±63.02a
苯乙烯	4 732.32±63.21b	4 789.11±69.43b	4 837.39±139.09ab	4 729.03±83.38b	5 009.30±67.39a
2,5-二叔丁基苯酚	267.34±15.53b	273.03±37.24ab	287.36±36.53ab	289.43±55.20ab	303.74±18.48a
苯酚	7.20±0.09a	7.29±0.05a	7.32±0.13a	7.02±0.17a	7.36±0.15a

（续）

项 目	2019 年				
	CK	UT1	UT2	PT1	PT2
苯乙酸乙酯	544.03±5.23b	550.56±10.32b	555.38±12.74b	554.83±16.38b	634.03±14.38a
3,5-二叔丁基-4-羟基苯甲醛	409.32±8.39cd	414.23±7.30c	456.03±17.37ab	429.30±16.32bc	477.32±22.36a
总芳香型成分	66 175.31±639.23d	66 971.90±539.94d	69 316.28±453.92c	83 974.35±273.40b	122 220.18±2 837.31a
3-甲基丁醇	263 547.27±3 642.32c	266 709.84±1 283.02c	273 654.36±7 263.94c	287 363.32±2 834.33b	329 273.43±283.41a
异戊醇	43 185.33±2 736.03d	46 343.56±873.42c	52 974.67±6 348.48b	51 872.18±3 847.44b	60 481.70±894.73a
总支链醇	306 732.60±3 648.33d	313 053.39±3 784.33d	326 629.03±2 394.32c	339 235.50±3 849.30b	389 755.13±1 639.04a
3-甲基丁酸	320.23±7.30b	324.07±6.39b	355.40±12.03a	330.40±38.02ab	378.43±32.39a
总支链酸	320.23±12.84b	324.07±15.55b	355.40±16.29a	330.40±37.44ab	378.43±28.40a
乙酸异戊酯	1 756.24±33.42b	1 777.32±43.22b	1 948.00±18.30a	1 747.91±8.34b	1 959.15±23.93a
总支链酯	1 756.24±33.42b	1 777.32±43.22b	1 948.00±18.30a	1 747.91±8.34b	1 959.15±23.93a
总挥发性成分	374 984.39±2 736.33e	382 126.68±3 746.22d	398 248.71±2 836.45c	425 288.16±4 839.48b	514 312.89±3 749.99a

显著水平，且高氮处理优于低氮处理，苯丙氨酸处理优于尿素处理，PT2 效果最好。对占比最大的支链醇而言，FNAV 可增加 3-甲基丁醇含量，在 2018 年所有氮素处理较 CK 均达显著水平，在 2019 年仅苯丙氨酸处理较 CK 均达显著水平，总的来看两年 PT2 效果最佳。而对于异戊醇，2019 年 FNAV 均增加其含量。对支链酸 3-甲基丁酸，2018 年处理间无显著差异，在 2019 年高氮处理较 CK 其含量显著增加。

第五节　葡萄酒的感官品评

一、感官标度检验

两年葡萄酒感官标度检验结果见表 5-4，各指标均以 10 分计。从两年总分来看，FNAV 较 CK 均增加，但在 2018 年仅 PT2 达显著水平，在 2019 年仅高氮处理达显著水平。对颜色深度而言，两年 FNAV 较 CK 均显著增加，且均 PT2 分值最高；对优雅、细腻度而言，2018 年 PT2 和 2019 年高氮处理较 CK 显著增加；对浓郁度和持续时间而言，两年仅 PT2 效果显著。在两年中 PT2 葡萄酒在各个方面表现均呈现出较优的结果；在气候适宜的 2019 年，UT2 葡萄酒也表现出良好的效果，由于尿素价格便宜且购买方便，更适于在低氮葡萄园推广应用，以提高葡萄及葡萄酒品质。

表5-4 葡萄酒感官标度检验结果（分）

项目		2018年					2019年				
		CK	UT1	UT2	PT1	PT2	CK	UT1	UT2	PT1	PT2
外观	澄清度	8.45	8.34	8.46	8.37	8.44	8.66	8.49	8.53	8.50	8.69
	颜色深度	7.55	7.98*	7.82*	8.02*	8.43*	8.71	8.96*	9.21*	9.01*	9.35*
香气	优雅、细腻度	7.82	7.80	7.88	7.90	8.02*	8.11	8.23	8.34*	8.25	8.60*
	协调性	8.02	8.12	8.04	8.02	8.09	8.22	8.17	8.09	8.20	8.25
	浓郁度和持续时间	7.51	7.62	7.65	7.65	7.88*	7.82	7.89	8.12	8.03	8.29*
	发展变化和复杂性	7.22	7.03	7.13	7.32	7.29	7.33	7.23	7.34	7.29	7.40
口感	平衡度和协调性	8.21	8.23	8.18	8.29	8.28	8.23	8.12	8.33	8.12	8.20
	质感和结构感	7.34	7.32	7.40	7.39	7.29	7.52	7.53	7.61	7.50	7.66
	延续性和层次感	8.02	8.17	8.12	8.09	8.13	8.20	8.20	8.28	8.18	8.22
	口香品质及余味	8.17	8.28	8.32	8.11	8.37	8.19	8.26	8.29	8.32	8.39
总分		78.31	78.89	79.00	79.16	80.22*	80.99	81.08	82.14*	81.40	83.05*

二、葡萄酒气味表征的雷达图分析

用雷达图来呈现葡萄酒气味表征，如图 5-7 所示（A、B 分别表示 2018 年和 2019 年），两年 FNAV 主要对葡萄酒果香、

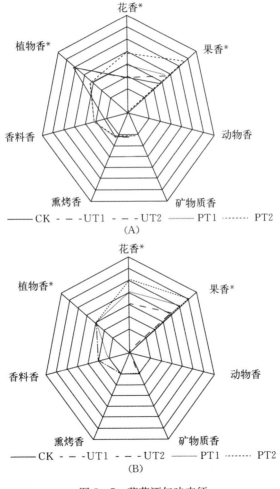

图 5-7　葡萄酒气味表征

花香和生青味香气产生显著影响，且 PT2 效果最佳。这些结果主要与呈香物质关系密切，果香主要与 3-甲基丁醇和 3-甲基丁酸含量增加有关；花香主要是玫瑰花香味，与 2-苯乙醇和 2-苯乙醛含量的增加关系密切，减少的生青味可能源于脂肪酸代谢挥发性物质的影响，不是本研究重点，在此不作解释。

第六节　讨论与小结

一、讨论

（一）FNAV 对葡萄酒基础理化指标和酚类总量的影响

两年酒样中基础理化指标的含量均符合国家标准《葡萄酒》（GB/T 15037—2006），表明试验酿造条件适宜，操作得当，符合质量标准，可进行后续试验分析。两年相比，2018年葡萄酒残糖较 2019 年低，2018 年葡萄酒可滴定酸较 2019年高，可能受葡萄本身的糖酸含量影响较大。除 2019 年干浸出物，所有氮素处理的葡萄酒基础理化指标较 CK 均未呈现显著性差异。总的来看，葡萄酒中这些基础理化指标在不同研究中呈现不同的结果，在处理间比较未呈显著变化。

整体来看，除 2019 年葡萄酒 TFOC 显著低于 2018 年，在2019 年葡萄酒 TPC（$P < 0.05$）、TFC、TAC（$P < 0.05$）含量均大于 2018 年，主要与适宜果实品质发育的气候条件有关，在转色期适宜的降水和气温、较大的早晚温差和较长的日照时数有利于酚类物质的积累（Jones et al.，2000；Jones et al.，

2012）。在 2018 年，PT1 和 PT2 的葡萄酒 TPC、TFC 和 TAC 在所有处理中处于最高水平，其中 PT1 葡萄酒中这些指标含量呈较高水平主要由于果皮中这些指标含量较高的缘故，与果皮中保持一致；而 PT2 葡萄酒中这些指标含量较高，与果皮中这些指标含量水平不一致，可能由于 PT2 果皮中黄烷- 3 - 醇含量最高与酚类物质结合致使其含量增加的缘故，或是因 PT2 的酵母可同化氮含量最高影响发酵过程中酵母作用所致（Arias-Gil et al.，2007；Henschke et al.，1993）。在 2019 年，UT2 和 PT2 葡萄酒中 TPC、TFC 和 TAC 最高，主要由于 UT2 和 PT2 果皮中这些指标含量较高的缘故，与果皮中保持一致，表明在适宜气候下，高浓度氮素处理能从葡萄园生育链和葡萄酒生产链整个过程显著提高葡萄与葡萄酒的酚类物质含量。

（二）FNAV 对葡萄酒类黄酮组分和色泽指标的影响

对葡萄酒中单体花色苷而言，2019 年基本每个花色苷单体含量、非酰化花色苷含量、酰化花色苷含量、花色苷单体总量含量均显著高于 2018 年，主要与适宜果实品质发育的气候条件有关（Jones et al.，2000；Jones et al.，2012）。对酰化花色苷含量而言，在 2018 年苯丙氨酸处理的酰化花色苷含量均显著大于 CK，主要由于所有苯丙氨酸处理的基本每个酰化花色苷单体含量在所有处理中呈最高水平，且显著高于其他所有处理；在 2019 年所有氮素处理的酰化花色苷含量均大于 CK，其中尿素处理的酰化花色苷含量显著高于其他所有处理。总之苯丙氨酸处理具有增加葡萄酒中花色苷积累的能力，其中

PT1 对从葡萄到葡萄酒中花色苷的积累均作出了巨大贡献。

对葡萄酒中单体黄酮醇和黄烷醇而言，在 2018 年，FNAV 的黄酮醇单体的总量高于 CK，这主要是由于处理组槲皮素-葡萄糖苷积累较多的缘故；在 2019 年，FNAV 仅显著影响槲皮素-半乳糖苷含量、槲皮素-葡萄糖苷含量、丁香亭-葡萄糖苷含量。但总体来看，两年 FNAV 对葡萄和葡萄酒中黄酮醇单体的总量的影响是基本一致的。葡萄和葡萄酒中的 UT1和 PT2 可能对黄酮醇组分起重要作用，可能是由于 2019 年较多的花色苷与黄酮醇结合，致使 2019 年黄酮醇含量比 2018 年减少。2018 年黄烷醇单体总量较 2019 年显著增加，主要由于表儿茶素没食子酸酯含量、儿茶素含量、原花青素 b1 含量、原花青素 b2 含量的贡献，同样可能是由于 2019 年较多的花色苷与黄烷醇结合，致使 2019 年黄烷醇含量比 2018 年减少。在2018 年，不同处理之间的黄烷醇单体总量无显著差异；而在2019 年，所有氮素处理均减少了黄烷醇单体总量，且尤以低浓度氮素处理的黄烷醇单体总量最少且显著低于其他处理，主要是低浓度氮素处理的表儿茶素没食子酸酯含量、表没食子酸含量、儿茶素含量、原花青素 b1 含量、原花青素 b2 含量较其他处理显著减少。两年不同处理间的葡萄酒黄烷醇单体总量变化与葡萄黄烷醇单体总量变化规律基本一致。但 Portu 等（2015b）报道，没有观察到氮素处理对其他酚类成分呈显著影响，除了 UT1 较其他处理显著增加了葡萄酒中总花色苷含量，主要原因仍然可能是施氮时间较早致使对葡萄和最终葡萄酒中的酚类含量影响较小。不难看出，FNAV 对葡萄中类黄酮成分的影响并不总是与对葡萄酒中这些成分的影响一致，甚至可能有相反的作用。可能的解释是由于不同处理的酵母可同化氮含量存在差异，从而影响酵母发酵速度、风味物质的代谢等酿酒过程中至关重要的环节，最终导致了从葡萄到葡萄酒中黄酮类化合物的变化（Jackson，2000；Waterhouse et al.，2016）。但幸运的是，在当前的研究中，葡萄酒中黄酮类物质对FNAV 也产生了积极的反馈变化。

在本研究中，采用 L^*、a^*、b^*、C^* 和 $h°$ 对两年间FNAV 处理下葡萄酒色泽的变化进行客观评估，两年间葡萄酒色度色调对比可得出，2019 年葡萄酒 L^*、b^* 和 $h°$ 整体低于2018 年，表明 2019 年的葡萄酒颜色较 2018 年的更深、更偏蓝色调，而葡萄酒 a^* 和 C^* 整体高于 2018 年，表明 2019 年的葡萄酒颜色较 2018 年更偏红色调且整体色度值较高。在 2018年，苯丙氨酸处理的 b^* 较 CK 显著减少，表明苯丙氨酸处理可以增加葡萄酒的蓝色色调，这个结果与 PT2 较 CK 减弱果皮蓝色色调的结果相反，主要由于在酒精发酵过程中复杂的化学作用所致（Zlatina et al.，2014）。在 2019 年，所有氮素处理较 CK 减少了葡萄酒 L^*，但仅高浓度的氮素处理达显著水平；所有氮素处理的 C^*（$P<0.05$）、a^* 和 $h°$ 较 CK 均增加，高浓度的氮素处理 a^* 达显著水平；所有氮素处理较 CK 减少了葡萄酒 b^*，除 UT1 均达显著水平，表明 FNAV 可以增加葡萄酒的蓝色色调。整体来看，虽然葡萄酒色泽因年份而异，但在两年间 FNAV 均显著增加了色度值，尤以 PT2 效果显著。

从两年相关性分析图中可见，L^* 和 b^* 与花色苷的含量之间展示出负相关的关系，而 a^*、b^*、C^* 和 $h°$ 与花色苷的含量呈正相关性。在 2018 年，矮牵牛素-3-O-C6-O-香豆酰化-葡萄糖苷与 L^*、a^* 和 $h°$ 呈显著性相关，这些结果表明在本研究中葡萄酒芍药素-3-O-葡萄糖苷和矮牵牛素-3-O-(6-O-香豆酰化)-葡萄糖苷对色泽深度、红色色调和色度色调角均有显著影响。飞燕草素-3-O-葡萄糖苷和锦葵花素-3-O-葡萄糖苷与 b^* 分别呈显著的正、负相关性，与相关研究结果一致，由于 b^* 代表蓝色/黄色（$b^*>0$ 与黄色相关，$b^*<0$ 与蓝色相关）（Ioannidis et al.，2013），且飞燕草素-3-O-葡萄糖苷本身呈现紫红色，锦葵花素-3-O-葡萄糖苷本身呈现蓝色调（张上隆等，2007），则会与 b^* 分别呈正、负相关性。在 2019 年，葡萄酒非酰化花色苷和总花色苷单体与 L^* 和 C^* 的相关性分析呈显著性水平，表明在本研究中非酰化花色苷和总花色苷单体对色泽深度和色度值有显著影响，可能主要受矮牵牛素-3-O-(6-O-香豆酰化)-葡萄糖苷与 L^*、a^* 和 C^* 的相关性关系的影响。总的来看，两年葡萄酒非酰化花色苷、酰化花色苷和总花色苷单体与色泽指标的相关性并未总呈现极显著的水平，可能因年份而异，或者目前能检测的花色苷单体种类少，未能全面反映花色苷的真实情况。

此外，两年葡萄酒真实拍照图与其 CIELab 特征图对葡萄酒颜色表征结果一致，整体上观察得出，2019 年的葡萄酒比 2018 年的颜色更深、更红和更蓝。且可观察到，在两年 FNAV 处理下葡萄酒颜色较 CK 均更深、更红。在 2018 年，苯丙氨酸处理葡萄酒的红色色调高于其他处理，PT2 的颜色深度高于 PT1，UT1 的颜色深度高于 UT2，最终 PT2 的效果最好。但 PT2 果皮中花色苷含量和色度色调指标却显著低于其他所有处理，主要由于 PT2 果皮中黄酮醇和黄烷醇含量显著高于其他处理，使其在葡萄酒中有更好的固色能力，最终提高葡萄酒的色泽品质（张上隆等，2007；Li et al.，2019）。2019 年高浓度氮处理葡萄酒的颜色深度高于其他处理，苯丙氨酸处理葡萄酒的红色色调和蓝色色调高于其他处理，同样 PT2 的效果最好。两年葡萄酒色泽图与葡萄酒的色泽指标结果也保持一致。这些结果真实客观地呈现出 FNAV 能显著改善葡萄酒颜色色度色调指标，且高浓度氮素处理效果优于低浓度氮素处理，PT2 效果在两年均表现最佳。

（三）FNAV 对葡萄酒挥发性物质组分及感官品评分析的影响

FNAV 较 CK 均显著增加挥发性物质的总量，在 2019 香气含量由大到小排序如下：PT2＞PT1＞UT2＞UT1＞CK，两年试验 PT2 效果均最显著。与 FNAV 对果实中氨基酸和挥发性物质影响部分一致，在果实中，香气成分呈现与果实挥发性物质相关氨基酸类似的规律，FNAV 较 CK 显著增加其含量，且高氮处理高于低氮处理，苯丙氨酸处理高于尿素处理，则 PT2 效果最好。一致的是，PT2 由于其能提供更多的氨基酸物质而使其效果最佳；处理之间对葡萄酒中氨基酸衍生的挥发性物质的影响不一致的原因主要是发酵过程是个非常复杂的过程，可能由于氨基酸含量不同在酿造过程影响酵母发酵速度及代谢产物等（Jackson，2000；Waterhouse et al.，2016）。

在芳香型成分类中，FNAV 可增加葡萄酒中含有玫瑰香气的 2
-苯乙醇和 2-苯乙醛含量，除 UT1 外的其他氮素处理较 CK
均呈显著水平，且高氮处理高于低氮处理，苯丙氨酸处理高于
尿素处理，PT2 效果最好，这主要与果实中苯丙氨酸含量有
关，更多的苯丙氨酸代谢可能会促使更多与其相关的香气物质
产生（Ardo，2006）。对占比最大的支链醇而言，FNAV 可增
加 3-甲基丁醇含量，在 2018 年所有氮素处理较 CK 均达显著
水平，在 2019 年仅苯丙氨酸处理较 CK 均达显著水平，总的
来看两年 PT2 效果最佳，可能显著增加葡萄酒的果香（Ardo
2006）。而对于异戊醇，即使 2019 年 FNAV 均增加其含量，
但因为其阈值较高（60 000 μg/L），在该研究中均未达到该阈
值，则不会使葡萄酒产生化学物质气味（Ardo，2006；Jack-
son，2008）。对支链酸 3-甲基丁酸，2018 年处理间无显著差
异，在 2019 年高氮处理较 CK 显著增加其含量，可能会增加
葡萄酒的果香气味（Ardo，2006）。这些表明 FNAV 有潜力增
加葡萄酒的果香和花香气味，尤其 PT2 效果最佳。

FNAV 的感官品评总分值较 CK 均增加。对颜色深度指标
而言，两年 FNAV 较 CK 均显著增加，且均 PT2 分值最高；
对优雅、细腻度而言，2018 年 PT2 和 2019 年高氮处理较 CK
显著增加；对浓郁度和持续时间而言，与 CK 相比，两年仅
PT2 显著提高。这两年葡萄酒感官标度检验结果与葡萄酒类
黄酮物质、香气物质和色度色调特征等指标均能客观地相互印
证结果，总体而言，在两年中 PT2 葡萄酒在各个方面均呈现
出较优的结果；在气候适宜的 2019 年，UT2 葡萄酒也表现出

良好的效果，且由于尿素价格便宜和购买方便，更适于在低氮葡萄园推广应用，以提高葡萄及葡萄酒品质。

二、小结

两年转色期叶面供氮（FNAV）均可增加葡萄酒中总酚、总类黄酮和总花色苷含量，苯丙氨酸处理和高氮处理分别在 2018 年和 2019 年效果较好，其中 PT2 效果最佳。对葡萄酒总黄烷-3-醇含量而言，两年 FNAV 较 CK 均未呈现显著影响。对葡萄酒中类黄酮单体物质而言，FNAV 显著增加酰化、非酰化和总花色苷单体的总量；FNAV 也增加葡萄酒总黄酮醇单体含量，但仅 UT1 和 PT2 分别在 2018 年和 2019 年达显著水平；对黄烷醇而言，在 2018 年处理之间对其无显著影响，2019 年 FNAV（除 PT2）较 CK 均显著减少总黄烷醇单体含量。FNAV 能改善葡萄酒颜色深度、饱和度和色调等色泽指标，2019 年优于 2018 年，且 PT2 效果最佳。对葡萄酒中挥发性物质而言，FNAV 增加果香和花香，尤以 PT2 效果最佳。在两年中 PT2 葡萄酒在感官各个方面表现均呈现出较优的结果；在气候适宜的 2019 年，UT2 葡萄酒也表现出良好的效果，且由于尿素价格便宜和购买方便，更适于在低氮葡萄园推广应用，以提高葡萄及葡萄酒品质。

主要参考文献

王锐，2016. 贺兰山东麓土壤特征及其与酿酒葡萄生长品质关系研究 [D]. 杨凌：西北农林科技大学.

Albers E，Larsson C，Liden G，et al，1996. Influence of the nitrogen source on *Saccharomyces cerevisiae* anaerobic growth and product formation [J]. Applied and Environmental Microbiology，62：3187 – 3195.

Ardo Y，2006. Flavour formation by amino acid catabolism [J]. Biotechnology Advances，24：238 – 242.

Belda I，Zarraonaindia I，Perisin M，et al，2017. From vineyard soil to wine fermentation：Microbiome approximations to explain the "terroir" concept [J]. Frontiers Microbiology，16：821.

Bell S J，Henschke P A，2005. Implications of nitrogen nutrition for grapes，fermentation and wine [J]. Australian Journal of Grape and Wine Research，11：242 – 295.

Bell S J，1994. The effect of nitrogen fertilisation on the growth，yield and juice composition of *Vitis vinifera* cv. *Cabernet sauvignon* grapevines [D]. Perth，Australia：The University of Western.

Bisson L F，Butzke C E，2000. Diagnosis and rectification of stuck and sluggish fermentations [J]. American Journal of Enology and Viticulture，51：168 – 177.

Bondada B R, Syvertsen J P, Albrigo L G, 2001. Urea nitrogen uptake by citrus leaves [J]. Hortscience, 36: 1061 - 1065.

Chassy A W, Adams D O, Waterhouse A L, 2014. Tracing phenolic metabolism in *Vitis vinifera* berries with $^{13}C_6$ - phenylalanine: implication of an unidentified intermediate reservoir [J]. Journal of Agricultural and Food Chemistry, 62: 2321 - 2326.

Cheng X H, Ma T T, Wang P P, et al, 2020a. Foliar nitrogen application from veraison to preharvest improved flavonoids, fatty acids and aliphatic volatiles composition in grapes and wines [J]. Food Research International, 137: 109566.

Cheng X H, Wang X F, Zhang A, et al, 2020b. Foliar phenylalanine application promoted antioxidant activities in Cabernet Sauvignon by regulating phenolic biosynthesis [J]. Journal of Agricultural and Food Chemistry, 68: 15390 - 15402.

Cheng X H, Liang L Y, Zhang A, et al, 2021. Using foliar nitrogen application during veraison to improve the flavor component of grape and wine [J]. Journal of the Science of Food and Agriculture, 101: 1288 - 1300.

Cheng X H, Wang P P, Chen Q Y, et al, 2022. Enhancement of Anthocyanin and Chromatic Profiles in Cabernet Sauvignon (*Vitis vinifera* L.) by Foliar Nitrogen Fertilizer during Veraison [J]. Journal of the Science of Food and Agriculture, 102: 383 - 395.

Cheng X H, Wang P P, Zhang X L, et al, 2022. Reduction of methoxypyrazines with 'vegetable - like' odors in grapes by foliar nitrogen application [J]. Scientia Horticulturae, 301: 111106.

Coombe B G, 1995. Growth stages of the grapevine: Adoption of a system for identifying grapevine growth stages [J]. Australian Journal of

Grape and Wine Research, 1: 104 - 110.

Ferrero M, Pagliarani C, Novák O, et al, 2018. Exogenous strigolactone interacts with abscisic acid-mediated accumulation of anthocyanins in grapevine berries [J]. Journal of Experimental Botany, 69: 2391 - 2401.

Garde-Cerdán T, Gutiérrez-Gamboa G, Portu J, et al, 2017. Impact of phenylalanine and urea applications to Tempranillo and Monastrell vineyards on grape amino acid content during two consecutive vintages [J]. Food Research International, 102: 451 - 457.

Garde-Cerdán T, López R, Portu J, et al, 2014. Study of the effects of proline, phenylalanine, and urea foliar application to Tempranillo vineyards on grape amino acid content. Comparison with commercial nitrogen fertilisers [J]. Food Chemistry, 163: 136 - 141.

Garde-Cerdán T, Santamaría P, Rubio-Bretón P, et al, 2015a. Foliar application of proline, phenylalanine, and urea to Tempranillo vines: Effect on grape volatile composition and comparison with the use of commercial nitrogen fertilizers [J]. LWT-Food Science and Technology, 60: 684 - 689.

Garde-Cerdán T, Portu J, López R, et al, 2015b. Impact of foliar applications of proline, phenylalanine, urea, and commercial nitrogen fertilizers on the stilbene concentration of Tempranillo musts and wines [J]. American Journal of Enology and Viticulture, 66: 542 - 547.

Gutiérrez-Gamboa G, Garde-Cerdán T, Carrasco-Quiroz M, et al, 2018. Improvement of wine volatile composition through foliar nitrogen applications to 'Cabernet Sauvignon' grapevines in a warm climate [J]. Chilean Journal of Agricultural Research, 78: 216 - 226.

Gutiérrez-Gamboa G, Garde-Cerdán T, Gonzalo-Diago A, et al, 2017a.

Effect of different foliar nitrogen applications on the must amino acids and glutathione composition in Cabernet Sauvignon vineyard [J]. LWT-Food Science and Technology, 75: 147 – 154.

Gutiérrez-Gamboa G, Garde-Cerdán T, Portu J, et al, 2017b. Foliar nitrogen application in Cabernet Sauvignon vines: Effects on wine flavonoid and amino acid content [J]. Food Research International, 96: 46 – 53.

Gutiérrez-Gamboa G, Portu J, López R, et al, 2017c. Elicitor and nitrogen applications to Garnacha Graciano and Tempranillo vines: Effect on grape amino acid composition [J]. Journal of the Science of Food and Agriculture, 98: 2341 – 2349.

Hannam K D, Neilsen G H, Neilsen D, et al, 2015. Late-season foliar urea applications can increase berry yeast-assimilable nitrogen in winegrapes (*Vitis vinifera* L.) [J]. American Journal of Enology and Viticulture, 65: 89 – 97.

Jackson R S, 2000. Wine Science (Second Edition) [M]. London: Academic Press.

Lasa B, Menendez S, Sagastizabal K, et al, 2012. Foliar application of urea to "Sauvignon Blanc" and "Merlot" vines: doses and time of application [J]. Plant Growth Regulation, 67: 73 – 81.

Li L, Sun B, 2019. Grape and wine polymeric polyphenols: Their importance in enology [J]. Critical Reviews in Food Science and Nutrition, 59: 563 – 579.

Lingua M S, Fabani M P, Wunderlin D A, et al, 2016. From grape to wine: changes in phenolic composition and its influence on antioxidant activity [J]. Food Chemistry, 208: 228 – 238.

Marschner H，Marschner P，2013. Marschner's mineral nutrition of higher plants（Third Edition）[M]. London：Academic Press.

Mendez-Costabel M P，Wilkinson K L，Bastian S E，2014. Effect of increased irrigation and additional nitrogen fertilisation on the concentration of green aroma compounds in *Vitis vinifera* L. Merlot fruit and wine [J]. Australian Journal of Grape and Wine Research，20：80 – 90.

Menn N L，Leeuwen C V，Picard M，et al，2019. Effect of vine water and nitrogen status，as well as temperature，on some aroma compounds of aged red bordeaux wines [J]. Journal of Agricultural and Food Chemistry，67：7098 – 7109.

Portu J，López-Alfaro I，Gómez-Alonso S，et al，2015a. Changes on grape phenolic composition induced by grapevine foliar applications of phenylalanine and urea [J]. Food Chemistry，180：171 – 180.

Portu J，González-Arenzana L，Hermosín-Gutiérrez I，et al，2015b. Phenylalanine and urea foliar applications to grapevine：effect on wine phenolic content [J]. Food Chemistry，180：55 – 63.

Portu J，Santamaría P，López R，et al，2017. Phenolic composition of Tempranillo grapes following foliar applications of phenylalanine and urea：A two-year study [J]. Scientia Horticulturae，219：191 – 199.

Rubio-Bretón P，Gutiérrez-Gamboa G，Pérez – Álvarez E P，et al，2018. Foliar application of several nitrogen sources as fertilisers to Tempranillo grapevines：Effect on wine volatile composition [J]. South African Journal of Enology and Viticulture，39：235 – 245.

Swain T，Williams C A，1970. The role of phenylalanine in flavonoid biosynthesis [J]. Phytochemistry，9：2115 – 2122.

Tohge T，de Souza L P，Fernie A R，2017. Current understanding of the pathways of flavonoid biosynthesis in model and crop plants [J]. Journal of Experimental Botany, 68: 4013 – 4028.

Van L C, Seguin G, 2006. The concept of terroir in viticulture [J]. Journal of Wine Research, 17: 1 – 10.

Wang J F, Wang S Q, Liu G T, et al, 2016. The synthesis and accumulation of resveratrol are associated with veraison and abscisic acid concentration in Beihong (*Vitis vinifera* × *Vitis amurensis*) berry skin [J]. Frontiers Plant Science, 7: 1605 – 1621.

Waterhouse A L, Sacks G L, Jeffery D W, 2016. Understanding wine chemistry [M]. Hoboken: John Wiley & Sons Ltd.

附　录

附录1　葡萄和葡萄酒中类黄酮物质缩略词

分类	缩写形式	英文名称	中文名称
花色苷	De - 3 - *O* - glu	Delphinidin - 3 - *O* - glucoside	飞燕草素 - 3 - *O* - 葡萄糖苷
	Cy - 3 - *O* - glu	Cyanidin - 3 - *O* - glucoside	矢车菊素 - 3 - *O* - 葡萄糖苷
	Pe - 3 - *O* - glu	Petunidin - 3 - *O* - glucoside	矮牵牛素 - 3 - *O* - 葡萄糖苷
	Pen - 3 - *O* - glu	Peonidin - 3 - *O* - glucoside	芍药素 - 3 - *O* - 葡萄糖苷
	Ma - 3 - *O* - glu	Malvidin - 3 - *O* - glucoside	锦葵花素 - 3 - *O* - 葡萄糖苷
	Pe - 3 - aglu	Petunidin - 3 - *O* - (6 - *O* - acetyl) - glucoside	矮牵牛素 - 3 - *O* - (6 - *O* - 乙酰化) - 葡萄糖苷
	Ma - 3 - aglu	Malvidin - 3 - *O* - (6 - *O* - acetyl) - glucoside	锦葵花素 - 3 - *O* - (6 - *O* - 乙酰化) - 葡萄糖苷
	Pe - 3 - cglu	Petunidin - 3 - *O* - (6 - *O* - coumaryl) - glucoside	矮牵牛素 - 3 - *O* - (6 - *O* - 香豆酰化) - 葡萄糖苷
	Ma - 3 - cglu	Malvidin - 3 - *O* - (6 - *O* - coumaryl) - glucoside	锦葵花素 - 3 - *O* - (6 - *O* - 香豆酰化) - 葡萄糖苷
	TNAs	Total non - acylated anthocyanins	总非酰化花色苷

（续）

分类	缩写形式	英文名称	中文名称
花色苷	TAAs	Total acylated anthocyanins	总酰化花色苷
	TAs	Total individual anthocyanins	总花色苷单体
黄酮醇	My－gal	Myricetin－galactoside	杨梅酮—半乳糖苷
	My－glc	Myricetin－glucoside	杨梅酮—葡萄糖苷
	Qu－gal	Quercetin－galactoside	槲皮素—半乳糖苷
	Qu－glc	Quercetin－glucoside	槲皮素—葡萄糖苷
	Qu－glcu	Quercetin－glucuronide	槲皮素—葡萄糖苷酸
	Ka－gal	Kaempferol－galactoside	山奈酚—半乳糖苷
	Ka－glc	Kaempferol－glucoside	山奈酚—葡萄糖苷
	Is－glc	Isorhamnetin－glucoside	异鼠李亭—葡萄糖苷
	Sy－glc	Syringetin－glucoside	丁香亭—葡萄糖苷
	TFOs	Total individual flavonols	总黄酮醇单体
黄烷醇	EGCG	Epigallocatechin gallate	表没食子儿茶素没食子酸酯
	EGC	Epigallocatechin	表没食子儿茶素
	ECG	Epicatechin gallate	表儿茶素没食子酸酯
	EG	Epigallate	表没食子酸酯
	EC	Epicatechin	表儿茶素
	C	Catechin	儿茶素
	Pb1	Procyanin b1	原花青素 b1
	Pb2	Procyanin b2	原花青素 b2
	TFAs	Total individual flavanols	总黄烷醇单体

附录 2　葡萄中氨基酸物质的缩略词

缩写形式	英文名称	中文名称
Ala	Alanine	丙氨酸
Asp	Aspartic acid	天冬氨酸
Ile	Isoleucine	异亮氨酸
Leu	Leucine	亮氨酸
Met	Methionine	甲硫氨酸
Phe	Phenylalanine	苯丙氨酸
Thr	Threonine	苏氨酸
Tyr	Tyrosine	酪氨酸
Val	Valine	缬氨酸

附录 3　类黄酮合成途径关键酶的缩略词

缩写形式	英文名称	中文名称
PAL	Phenylalanine ammonia lyase	苯丙氨酸解氨酶
4CL	4 - Coumarate - CoA ligase	4-香豆酰-CoA 连接酶
CHS	Chalcone synthase	查尔酮合成酶
CHI	Chalcone isomerase	查尔酮异构酶
F3′H	Flavonoid - 3′ - hydroxylase	类黄酮 3′-羟化酶
F3′5′H	Flavonoid - 3′5′ - hydroxylase	类黄酮 3′5′-羟化酶
F3H	Flavanone - 3 - hydroxylase	黄烷酮-3-羟化酶
DFR	Dihydroflavonol reductase	二氢黄酮醇还原酶
FLS	Flavonol synthase	黄酮醇合成酶
LDOX	Leucoanthocyanidin dioxygenase	无色花色素双加氧酶
ANR	Anthcoyanidin reductaes	花色素还原酶
LAR	Leucoanthocyanidin reductaes	无色花色素还原酶
UFGT	UDP glucose - flavonoid 3 - O - glucosyltransferase	UDP-葡萄糖-类黄酮-3-O-葡萄糖转移酶

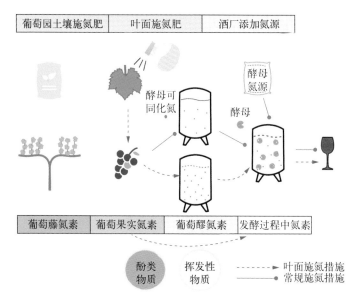

图 1-2　FNAV 对酵母可同化氮和风味物质（酚类和挥发性物质）的影响

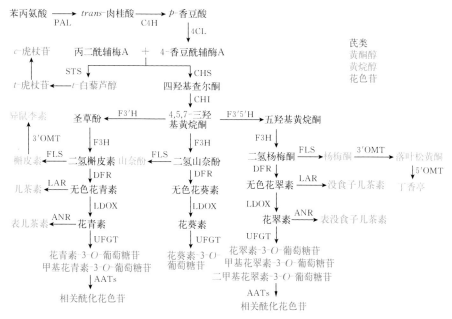

图 1-4　以苯丙氨酸为前体的各种酚类物质的代谢途径（Cheng et al. , 2021）

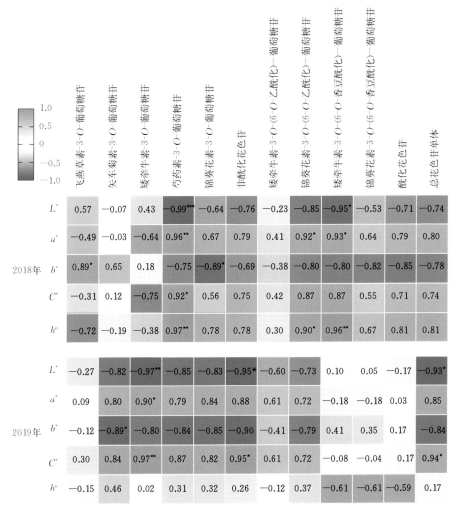

图 5-5　葡萄酒花色苷与色泽指标的相关性分析

注：L^* 表示亮度；a^* 表示红色/绿色；b^* 表示蓝色/黄色；C^* 表示饱和度；$h°$ 表示色调角；红、蓝色分别表示正、负相关的关系，颜色越深相关性越强，方格中数字为相关性系数，*、** 和 *** 分别表示在 $P<0.05$、$P<0.01$ 和 $P<0.001$ 水平达显著差异。

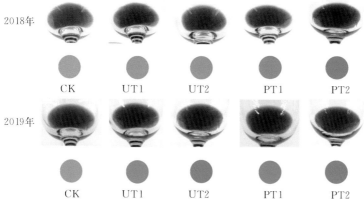

2018年

CK UT1 UT2 PT1 PT2

2019年

CK UT1 UT2 PT1 PT2

图 5-6　葡萄酒真实色泽图与 CIELab 特征图

葡萄园实验场景

叶面喷肥

葡萄园

葡萄果穗

赤霞珠采收

采样

果穗称重

果穗筛选车间

葡萄酒存储酒窖

努力向成为有情怀的葡萄酒人而迈进